Tg.

S. 839.
+B. a

(C)

ESSAI
THÉORIQUE ET PRATIQUE
SUR
LA FERRURE.

A l'ufage des Élèves des Écoles Royales Vétérinaires.

Par M. BOURGELAT, Directeur & Infpecteur général des Écoles Vétérinaires, Commiffaire général des Haras du royaume, Correfpondant de l'Académie royale des Sciences de France, Membre de l'Académie royale des Sciences & Belles-Lettres de Pruffe, ci-devant Écuyer du Roi & Chef de fon Académie établie à Lyon.

A PARIS,
DE L'IMPRIMERIE ROYALE.

M. DCCLXXI.

A PARIS,

Chez M. R. Huzard, Imprimeur-Libraire,
rue de l'Éperon, N°. 11, quartier S.-André-
des-Arts.

AVERTISSEMENT.

*D*E *toutes les opérations dépendantes de la Chirurgie vétérinaire, il n'en est point qui présente autant de difficultés & de complications que celle qui fait la matière de cet Essai; pratiquée depuis des siècles * & répétée sans cesse & indistinctement sur tous les chevaux, elle auroit*

---

* A la vue du passage qu'on lit dans **Xéno**phon, DE RE EQUESTRI, *où il est fait mention des moyens d'affermir l'ongle, & de lui donner plus de consistance, quelques personnes ont précipitamment conclu que l'opération dont il s'agit n'étoit point en usage chez les Grecs :* Homère & Appien *parlent néanmoins d'un fer à cheval,* le premier dans le 151.ᵉ vers du second livre de l'Iliade, *& le second, dans son livre de* bello Mithridatico. *La conséquence qu'on a tirée de la recette écrite par Xénophon, sembleroit donc hasardée : ne pourroit-on pas en effet, en s'étayant de l'autorité des deux autres*

sans doute été portée au degré de perfection dont elle est susceptible, si le savoir étoit au pouvoir de l'habitude seule, & s'il n'étoit

auteurs Grecs, penser que cette même formule, indiquée pour rendre le sabot plus dur & plus compact, n'a été proposée que pour les cas où les pieds de l'animal seroient extrêmement mous & foibles! & dès-lors cette preuve prétendue, que les chevaux alors n'étoient pas encore ferrés, s'évanouiroit avec d'autant plus de raison, que, quoique nous nous servions nous-mêmes de topiques astringens en pareille circonstance, il n'en est pas moins vrai que la ferrure est généralement adoptée & pratiquée parmi nous.

On ne sait pas positivement si elle l'étoit chez les Romains : Fabretti qui prétend avoir examiné tous les chevaux représentés sur les anciens monumens, déclare n'en avoir jamais vu qu'un seul avec des fers ; peut-être que les Artistes négligeoient communément ce foible accessoire, parce qu'ils le regardoient comme totalement indépendant de la Nature; ce qui le persuaderoit, c'est ce que Suétone, in Nerone, cap. XXX, nous apprend: le luxe de cet Empereur étoit tel *essentiellement le fruit des recherches de l'esprit & de la raison.*

---

dit - il, qu'il ne voyageoit jamais qu'il n'eût à sa suite au moins mille voitures traînées par des mules dont les fers étoient en argent. Pline assure que les fers de celles de Poppée femme de Néron, étoient en or. Catulle compare un homme indolent & paresseux à une mule dont les fers sont arrêtés dans une boue épaisse & profonde, de manière qu'elle ne peut en sortir : or, si la ferrure étoit si fort en vigueur en ce qui concerne ces animaux, pourquoi n'auroit - elle pas été employée sur les chevaux, & comment contredire ceux qui feroient remonter cette opération à des siècles très-reculés! il ne seroit au surplus intéressant pour nous d'en connoître l'époque première, qu'autant qu'en revenant sur nos pas, nous pourrions comparer à cet égard les idées des anciens & les nôtres, en établir la généalogie, & découvrir, à la faveur d'une succession de lumières, des principes peut-être oubliés ; mais un semblable espoir ne sauroit nous être permis, & nous ne pouvons nous tirer de l'état d'indigence dans lequel nous sommes, que par des efforts dûs à nous-mêmes.

AVERTISSEMENT.

Le peu de progrès que l'on a fait dans la connoissance de cette partie, l'a maintenue dans un avilissement dont les autres même se ressentent ; on n'a vu dans celui qui l'exerce qu'un manœuvre occupé à battre le fer ; on n'a pas porté ses regards plus loin, & dès-lors & l'artiste & l'ouvrage ont été également ravalés, parce qu'il est de la folle vanité du plus grand nombre, de dédaigner les travaux de la main, tous utiles qu'ils puissent être, c'est-à-dire, de mépriser dans celui qui les consacre à la nécessité & à l'avantage d'autrui, l'usage des instrumens que la Nature nous a particulièrement accordés pour servir nos besoins & pour seconder notre industrie.

Nous n'avons garde de nous ériger ici en juges de l'opinion générale sur le rang ou la prééminence des professions : nous ne considérons point, si dans le fait, l'art le plus mécanique tient tellement aux sens les plus grossiers, qu'il soit & qu'il ait été dès son origine & dans son accroissement, totalement indépendant de la pensée ; nous n'examinons pas, si l'esprit, ce précieux apanage dont l'humanité s'enorgueillit si souvent, lors même des écarts dans lesquels il l'entraîne, doit ennoblir tout ce qu'il enfante ; enfin nous n'entrons point dans la question de savoir, si la dignité de l'homme est de pratiquer un art libéral, ou d'honorer celui qu'il professe, par de grands & de véritables talens ; mais nous pensons qu'un art absolument nécessaire à la conservation des animaux les plus précieux, & qui d'ailleurs fondé, non sur des hypothèses & des fictions qui quelquefois ont pu souiller la Médecine humaine, mais sur les vérités incontestables qui en font la base, dirige toujours toutes ses opérations d'après des principes évidens & réels, ne sauroit être raisonnablement regardé comme un art abject dans son objet & par lui-même.

Les notions que nous avons rassemblées

dans cet ouvrage, annoncent l'étendue de lumières qu'exige celle dont il s'agit, quelque manuelle qu'elle ait paru jusqu'à présent : ces lumières sont ou accessoires, ou essentielles à la chose, & le plan auquel nous nous sommes assujettis en débutant, nous a conduits au développement des unes & des autres.

Nous n'avons pas cru devoir négliger les premières : que seroit en effet un artiste, hors d'état de choisir le lieu le plus propre à l'établissement de son attelier, & qui, ignorant non - seulement la position la plus favorable de l'édifice à élever dans ce même lieu, mais sa véritable construction, ses dimensions, & celles de ses différentes parties, seroit obligé de s'en rapporter uniquement à un manœuvre, qui ne voit pour l'ordinaire autre chose dans la forge double ou simple qu'on lui demande, qu'un âtre destiné à chauffer du fer & à brûler du charbon ! que penseroit-on de celui qui ne connoîtroit, pour ainsi dire, du soufflet que la chaîne, à l'aide de laquelle il l'a mû plus ou moins long-temps ; de l'enclume forgée ou jetée, que la surface sur laquelle il a frappé tant de fois, & des instrumens divers dont sa main doit être armée, soit pour forger, soit pour ferrer, que leur ressemblance avec ceux qu'il a maniés dans le cours d'une routine absolument aveugle! or, notre but étant de ne rien laisser à desirer à nos Élèves, & de les éclairer sur les points mêmes qui circonscrivent l'objet principal, nous n'avons pu nous refuser à des détails qui nous ont paru d'autant plus intéressans pour eux, qu'aucun Écrit, parmi ceux du moins que nous avons lûs, n'auroit pu suppléer à cette omission de notre part.

Après leur avoir offert quelques idées, à la faveur desquelles il leur sera facile de distinguer les bonnes ou les mauvaises qualités du métal qu'ils auront à employer, & après les avoir guidés dans l'action de forger

un fer, de l'étamper, de le façonner, de
lui donner l'ajusture convenable, &c. &c.
nous nous sommes attachés à en considérer
les formes les plus usitées, & nous avons
établi en même temps les proportions que
doivent avoir chaque partie de ces mêmes
fers entr'elles. Le travail de la forge n'a
été réellement jusqu'ici dans l'Art vétérinaire
qu'un travail d'imitation, secondé de plus
ou moins d'adresse, soumis entièrement au
coup d'œil, & qui n'a dû presque rien à
l'esprit : Cependant sa perfection, soit en ce
qui concerne proprement le fer, soit en ce
qui regarde le pied pour lequel il est forgé,
doit tenir nécessairement à des règles, mais
quels sont les Auteurs qui nous les ont tra-
cées ! si dans le fer ordinaire, par exemple,
la pince a telle longueur, quelle sera la
longueur totale de ce même fer ! quelle en
sera l'épaisseur ! quelles seront la distance
des rives externes & internes de l'une &
de l'autre de ses branches, leur longueur,

la mesure de leur diminution imperceptible
de devant en arrière, la juste dimension de
la couverture des éponges à leur extrémité,
l'éloignement fixe du centre d'une étampure
au centre de l'autre, l'élévation du fer dans
le point de l'ajusture, &c. &c! & si je
ne peux partir d'aucuns principes stables &
connus, comment pourrai-je applaudir à
l'ouvrage, où en juger & en démontrer les
défauts!

Ces recherches sont suivies de l'ensemble
des considérations diverses & essentielles
qu'exige l'action de ferrer: de-là nous nous
sommes livrés à l'examen des beautés &
des difformités extérieures de la partie sur
laquelle il s'agit d'opérer, car on ne peut
attendre rien de bon, ni rien de sûr, d'un
artiste qui ne se propose d'autre objet que
celui de fixer une bande de fer sous le pied,
& qui, dans l'incapacité totale de varier
ses procédés d'après les attentions que demandent la nature de l'ongle, son plus ou

moins de volume, ſa forme plus ou moins irrégulière, les vices des quartiers, des talons, de la ſole, de la fourchette, &c. eſt au milieu des ténèbres qui l'environnent, un aveugle plus dangereux que celui qui, privé de la lumière du jour, n'a du moins ni l'audace d'entreprendre, ni celle de ré-ſiſter aux avis de ceux qui l'avertiſſent du péril preſſant qui le menace.

Mais qui n'enviſage que le dehors ou la ſuperficie des parties, ne ſaiſit que des apparences, ou n'obtient que de foibles lueurs; il a donc fallu pénétrer plus avant, décompoſer celle-ci, s'efforcer par toutes les voies poſſibles, d'en démêler le tiſſu; ſuivre conſtamment & d'un œil avide la direction des fibres, en examiner les couches & les plans différens, en rechercher l'origine, en conſidérer les réſultats; ſe frayer par une injection particulière, une route juſque dans les dernières dégradations des vaiſſeaux ſanguins; les ſurprendre, pour ainſi dire,

à leur paſſage au travers de pluſieurs mil-
lions de poroſités ; dépouiller l'articulation
entière, & mettre à la portée de nos regards
les divers ligamens, les cartilages, l'extrémité des tendons & les os qui concourent
à ſa formation ; nous efforcer de dévoiler
l'uſage de chacune des portions qui ſe ſont
préſentées à nous, ainſi que les vues de la
Nature dans cette organiſation ſingulière ;
l'interroger en quelque ſorte ſur les raiſons
qui l'y ont déterminée, & ſur les moyens
qu'elle a employés pour ſauver des parties
molles & ſenſibles de l'impreſſion doulou-
reuſe & cruelle qui devoit réſulter d'une
preſſion continuelle & forte, opérée par des
parties dures & ſolides, conſéquemment à
un fardeau & à un poids immenſe ; &
marchant ainſi par le ſentier le plus difficile
& le plus obſcur, à la découverte de la
ſtructure, du mécaniſme & des loix de la
nutrition, de l'accroiſſement & de la reproduction de l'ongle, en tirer un corps de

maximes sûres & simples, dont nous avons indiqué l'application par des exemples, en laissant à des Élèves instruits le soin de l'étendre à des cas particuliers qu'ils pourront rencontrer dans la pratique, & qui ne seront plus pour ceux qui sauront réfléchir, des occasions d'incertitude & d'embarras.

Ces mêmes maximes ne leur suffiroient pas néanmoins encore ; elles tendent, il est vrai, à la conservation d'un pied parfaitement conformé, comme à la réparation de celui qui auroit des difformités quelconques, & par elles ils rempliroient l'objet capital de l'opération ; mais ils seroient dénués de toutes ressources, lorsqu'ils auroient à remédier à des positions qui répugneroient à un véritable & à un solide à-plomb, & dont le principe résideroit dans quelques portions des membres ; à rectifier une fausse direction dans les colonnes ; à modifier les effets des disproportions des parties du corps de l'animal entr'elles ; à s'opposer aux vices de ses mouvemens dans ses allûres, &c. &c. C'est ce qui nous a porté à faire usage en leur faveur, de quelques principes que nous avions dérobés à la Nature dans un temps où nous étions profondément plongés dans l'étude de la science du manège ; nous les avons tournés entièrement ici aux progrès & à l'avantage de la ferrure ; la matière est abstraite : elle l'auroit été bien plus, si par une supposition que nous a suggérée le desir de nous rendre plus accessible, nous n'eussions réuni trois leviers en un seul, & si dans l'intention de décomposer l'action totale de chaque extrémité, nous nous étions, en considérant le cheval lors de sa station, & lors de sa marche, strictement arrêtés dans tous les instans, à l'appui & au jeu de chaque pièce articulée.

Nous avons donc établi notre méthode sur les fondemens inébranlables de plusieurs vérités anatomiques, phisiques & mécaniques : il ne nous reste qu'à inviter nos

Élèves à s'en pénétrer intimément. Qu'à l'aspect des difficultés & des variations compliquées, perpétuelles & innombrables, qui demandent, dans cette opération, le secours continuel de la raison la plus éclairée, ils cessent de l'envisager comme la partie la plus servile & la moins importante de leur art: que ceux d'entr'eux, qui par un orgueil mal entendu, & qui leur sied moins qu'à tout autre, osent la dédaigner, se persuadent qu'elle sera toujours plutôt au-dessus d'eux, qu'ils ne seront au-dessus d'elle: qu'ils apprennent enfin, que dans tous les états le génie seul élève l'homme; que celui qui est doué de véritables lumières, a les droits les plus légitimes aux hommages des autres; & qu'en un mot, il n'est d'homme vil que celui qui est vain, ignorant ou inutile.

ESSAI

ESSAI
THÉORIQUE ET PRATIQUE
SUR
LA FERRURE.

LA Ferrure eſt une action méthodique de la main ſur le pied des Animaux en qui elle eſt praticable & néceſſaire. Cette opération conſiſte à parer ou à couper l'ongle, à y ajuſter & à y fixer des fers convenables.

Par elle le pied, du cheval principalement, doit être entretenu dans l'état où il eſt, ſi ſa conformation eſt belle & régulière, & les défectuoſités doivent en être réparées, ſi elle ſe trouve vicieuſe & difforme: Par elle encore il eſt aſſez ſouvent poſſible de remédier aux ſuites inévitables des diſproportions des parties du corps de l'animal entr'elles, ou d'en modifier

A

du moins les effets , d'obvier à ceux qui
réfultent du défaut de juſteſſe dans la direction de ſes membres, de le rappeler à une
forte de franchiſe & de régularité dans l'exécution de ſes mouvemens, de prévenir les
fauſſes poſitions auxquelles certaines habitudes
& quelquefois la Nature même ſemblent le
diſpoſer, &c. &c.

Les uns & les autres de ces objets ne
peuvent être remplis par la ſeule interpoſition
d'un fer appliqué & attaché groſſièrement,
ſans raiſonnement & ſans lumières. Réduire
l'opération dont il s'agit à un ſimple travail
des bras & des mains, qui ne ſera ſoutenu
ñi par la réflexion ni par l'étude, & qui
n'aura d'autre but que celui d'armer l'ongle
pour le ſauver d'une deſtruction plus ou
moins prompte, c'eſt offenſer l'art, c'eſt
méconnoître ſon pouvoir, c'eſt lui dénier le
droit de ſe conformer aux loix de la Nature
pour la conſervation de ſon ouvrage, ou de
venir à ſon ſecours, quand elle erre ou lorſqu'elle a erré; c'eſt s'expoſer à ajouter aux
imperfections dont elle peut être coupable;
c'eſt enfin s'aſſurer, en quelque façon, les
moyens d'en créer de nouvelles & de conduire
les parties à leur ruine totale.

Le véritable artiste ne donne rien au hasard, il n'agit que d'après les circonstances; sa méthode, bien loin de se ressentir d'une routine qui n'admet constamment que le même procédé, n'est uniforme que dans les mêmes cas; il la varie selon les indications; les moindres différences déterminent ses vues, & nulle règle, en un mot, pour lui, que celles que lui suggèrent l'occasion & son génie: mais on n'opère point ainsi sans une provision énorme de connoissances, & si l'on est dans la malheureuse impossibilité d'allier aux ressources d'une théorie féconde & lumineuse celles d'une pratique qu'elle doit toujours éclairer.

Nous nous proposons dans cet Essai de faciliter aux Élèves la réunion de ces deux points.

Nous considérerons d'abord succinctement la Forge & ses dépendances, ainsi que les instrumens dont elle doit être pourvue.

Nous suivrons ensuite l'artiste dans l'action de forger; nous verrons les formes différentes & les plus usitées à donner aux fers qu'il doit préparer; de-là nous examinerons les instrumens qui lui sont particuliers dans l'opération dont il s'agit; enfin nous ne le perdrons pas de vue dans l'action de ferrer.

Nous passerons de ces détails, purement pratiques, à un développement de principes trop généralement ignorés.

Les défauts d'une partie ne peuvent être sentis que par comparaison, c'est-à-dire, par une opposition sensible de ce qu'elle est à ce qu'elle devroit être pour être belle; nous rechercherons donc en quoi consistent extérieurement la beauté & la bonté du pied, pour, de ces qualités une fois connues, en déduire les difformités existantes.

L'examen éclairé & réfléchi du dehors ou de la superficie, quelqu'intéressant qu'il puisse être, seroit encore insuffisant. L'ongle n'est point dans l'animal une masse morte & purement solide, dans laquelle on puisse sans danger & au hasard, implanter des clous, & dont il soit permis de retrancher indifféremment quelque portion, aussi pénètrerons-nous dans l'intérieur à l'effet d'en dévoiler la structure, l'organisation & le mécanisme, ainsi que les loix de son accroissement & de sa régénération.

Enfin le pied étant la base de l'édifice & des quatre colonnes qui le supportent, il n'est pas douteux que ces mêmes colonnes, soit dans leur totalité, foit dans quelques-unes de leurs parties, fe reffentiront toujours de fa pofition: or pour fixer plus fûrement celle qu'il conviendra de lui affigner par préférence, dans une infinité de cas divers, nous tâcherons de démontrer clairement d'où naiffent les véritables points de force & d'appui de l'animal, & quels peuvent être les effets de l'omiffion des conditions de cette force & de ce même appui, tel eft le plan que nous avons à remplir & à la faveur duquel nous efpérons de conduire nos Élèves à la fcience des moyens & des raifons d'opérer dans la ferrure.

DE LA FORGE
ET DE SES DÉPENDANCES.

I.

LE terme de *Forge* a deux principales acceptions; outre qu'il fert à défigner le fourneau deftiné à faire chauffer le fer que l'artifte veut mettre en œuvre, il eft employé pour exprimer l'atelier ou la boutique du Maréchal.

I I.

L'ÉTENDUE de ce lieu, doit être telle que s'il n'eft conftruit que pour contenir un fourneau

A iij

feul, il doit avoir au moins quinze pieds de profondeur fur une largeur de douze pieds; & cette largeur en aura dix-huit, s'il s'agit d'y en réunir deux.

Ces fourneaux feront difpofés, de préférence, contre le mur de fond, vis-à-vis de celui de face dans lequel feront percés les jours; il faut en donner à l'atelier le plus qu'il eft poffible par les ouvertures multipliées dans ce dernier mur.

En ce qui concerne la hauteur fous plancher de cette boutique, elle ne fauroit être au-deffous de dix pieds & le fol en doit être pavé.

Quoiqu'elle ne paroiffe pas fufceptible d'une grande propreté, on reconnoît néanmoins à celle qui y règne, les foins, l'attention du maître & la févérité d'un œil qui ne tolère, dans les ouvriers, aucune négligence.

I I I.

La _Forge_, proprement dite, eft un _âtre_ élevé à deux pieds fix ou fept pouces au-deffus du pavé.

Il en eft de fimples, il en eft de doubles.

I V.

La _Forge_ fimple eft ouverte dans l'une de

fes extrémités; elle eft fermée dans celle qui répond au foufflet, au moyen d'un pan de mur bâti en retour d'équerre fur le mur de fond : on donne à ce pan de mur environ cinq pieds d'élévation, & une longueur de trois pieds fept à huit pouces; cette longueur devant être égale à la largeur de l'*âtre*.

Un autre petit mur poftiche, pareillement en retour d'équerre, mais qui n'a pas plus de hauteur que l'*âtre* qu'il termine, eft élevé du côté de l'extrémité qui doit demeurer ouverte.

Entre ces deux murs d'équerre eft pratiquée une petite voûte en berceau, propre à recevoir & à contenir le charbon dont les ouvriers auront befoin pendant le jour.

La longueur de l'*âtre* eft de quatre pieds; il eft conftruit en fortes briques pofées de champ, pour une plus grande folidité : ces briques font liées avec du mortier de terre & maintenues par une bande de fer coudée fur plat qui en conftitue les rives; cette bande a environ deux pouces & demi de largeur fur cinq lignes d'épaiffeur & fe trouve au niveau de la fuperficie.

Une *auge* ou un *baquet de pierre* eft placé fur le petit mur poftiche; ce *baquet* doit avoir neuf à dix pouces de largeur, deux

A iiij

pieds de longueur & huit à neuf pouces de profondeur dans œuvre : ſes parois d'environ trois pouces d'épaiſſeur ſurmontent d'autant la ſurface de l'*âtre*; & il eſt à propos qu'il touche le mur de fond par l'une de ſes parois les plus étroites.

Le *foyer* répond au milieu du grand pan de mur en retour d'équerre; il eſt en forme de ſébile, ſa concavité étant de deux pouces & demi à trois pouces ſur huit pouces de diamètre.

Le pan de mur, au droit de ce même *foyer*, eſt entr'ouvert d'une *fenêtre* qui commence au niveau de l'endroit le plus cave; elle a quatorze ou quinze pouces de largeur ſur autant de hauteur, & s'accorde parfaitement par ſon milieu avec celui de l'*âtre :* on la ferme néanmoins en la rempliſſant d'une maçonnerie en briques, tuilots ou ardoiſes & terre à four.

Cette maçonnerie eſt défendue du côté du foyer par une pièce quarrée de fonte, ayant les mêmes dimenſions que la *fenêtre ;* cette pièce doit être entaillée ou échancrée quarrément dans le milieu de chacun de ſes côtés : ces échancrures pratiquées pour loger la *tuyère* auront deux pouces & demi; il n'en eſt jamais qu'une qui reçoit cette même *tuyère*, mais on change la plaque ou la pièce de fonte de côté lorſque le feu a ruiné l'un des quatre côtés d'une de ſes faces, en ſorte qu'avant d'être hors de ſervice, elle peut être changée huit fois de poſition; elle eſt encaſtrée dans la *fenêtre* à fleur de mur.

À deux pieds & demi ou environ de hauteur au-deſſus de l'*âtre*, & dans l'à-plomb de ſes rives, eſt un pan de briquetage incliné en arrière juſqu'au plancher & qui n'eſt autre choſe que la *hotte*, elle dirige la fumée vers le tuyau, elle porte ſur des barres de fer appuyées ſur le grand mur d'équerre de l'extrémité fermée de la *forge*, & retournées d'équerre elles-mêmes pour entrer dans le mur de fond du côté de l'extrémité ouverte; une *ſoupente de fer* deſcendant du plancher, & accompagnant dans cette même extrémité l'intérieur de la *hotte*, aſſure encore la ſolidité de cet édifice ſuſpendu.

La *tuyère* eſt une maſſe équarrie de fer forgé, ou ſimplement de fonte de fer, dans laquelle on a pratiqué, ſelon ſa longueur, une ſorte d'entonnoir, dont le plus grand orifice n'a que deux pouces & demi de diamètre, pour recevoir le tuyau du ſoufflet, l'autre orifice se trouvant réduit à huit ou dix lignes; quand cette pièce, dont la longueur totale est d'environ sept pouces, est en place, l'un de ses bouts, dans le milieu duquel est le petit orifice, affleure la face antérieure de la plaque & l'autre l'extra-dos du mur en retour d'équerre; elle est alors légèrement inclinée pour porter le vent dans la concavité du *foyer*, au milieu duquel le petit orifice répond, en se trouvant cependant à un pouce quelques lignes plus haut que le lieu le plus cave: ce même bout remplit assez exactement l'entaille quarrée de la plaque & s'affleure à sa surface verticale au moyen d'un biais léger ménagé pour racheter son inclinaison.

V.

D'APRÈS cette description sommaire de la *forge simple*, il est aisé de se former une idée de la *forge double*; prolongez-en l'*âtre* de trois pieds; ajoutez à l'extrémité où ce même *âtre* se terminera, un mur bâti en retour d'équerre sur le mur de fond, & semblable en tout à celui qui clôt l'extrémité fermée de la *forge* décrite; pratiquez entre ce nouveau mur & le petit mur postiche, dont nous avons parlé, une seconde voûte en berceau; l'*auge*

ou le *baquet* de pierre occupera le milieu de
cette *forge double;* vous y aurez deux *foyers*
au lieu d'un; vous y adapterez deux *foufflets,*
& quant à la *hotte* elle repofera de même
fur deux barres de fer portées par les deux
grands murs d'équerre, tandis que la *foupente*
qui defcend du plancher pour la foutenir fera
ici placée dans le milieu.

V I.

PERSONNE en général n'ignore ce que
c'eft qu'un *foufflet,* mais les artiftes obligés de
s'en pourvoir & d'en faire un continuel ufage,
doivent en avoir des notions plus précifes.

La forme de cette machine, à l'aide de
laquelle ils établiffent un courant d'air qui
donne au feu de leurs forges le degré d'acti-
vité qu'exige l'état actuel de leurs ouvrages,
eft affez connue.

Elle eft conftruite de diverfes matières.

Il faut en confidérer les trois *planches* ou
les trois *tables,* chantournées à peu près
comme une raquette privée de fon manche,
ayant chacune quinze à dix-huit lignes d'épaiffeur & trois pieds de long fur deux pieds &
demi de large.

Deux de ces *tables* font extérieures &

mobiles, la troifième eft intérieure, immobile
& placée entre les deux premières, en forte
qu'elles font une partie des parois des deux
capacités du *foufflet*, cette machine ayant ici
deux ames; le refte des parois eft formé par
le cuir.

Un bloc de bois, taillé en tronçon d'une
pyramide quarrée, percé de part en part &
qui préfente fa bafe au foufflet, eft ce qu'on
en appelle la *tête*; ce tronçon eft auffi long
que large; une plaque de tôle en revêt le devant
pour le préferyer de la chaleur du foyer.

Si je divife cette bafe en trois portions
égales & parallèles à la rive inférieure, le
foufflet étant fuppofé en place, la première
portion fe terminera à la ligne du milieu d'une
rainure qui dans la *tête* eft deftinée à recevoir
le bout de la *table* intérieure; cette rainure eft
creufée en mortoife dans le milieu de fa longueur;
le tenon ménagé dans cette *table* remplit précifément cette mortoife, comme la languette
de laquelle il fort remplit la rainure; le tout
eft maintenu par chevilles, & l'épaiffeur de ces
parties n'eft que la moitié de celle de la *table*:
c'eft ainfi que ces deux pièces font affemblées
de manière à n'en former qu'une feule ftable
& incapable de mouvement.

Le milieu de la terminaison de la seconde portion sera le centre de l'orifice interne du trou, dont est percé le bloc, pour recevoir le *tuyau* qui livre passage au vent.

Ce *tuyau* n'est autre chose qu'un cornet ou cône creux, de quinze à seize pouces de longueur, d'environ trois pouces de diamètre à son grand orifice, & seulement d'un pouce au petit qui répond au *foyer* & qui est engagé dans la *tuyère*; il est exécuté en tôle & conserve sa forme au moyen de sept à huit rivets; des clous le fixent & le retiennent dans la *tête*, & l'intervalle qui peut rester entre le fer & le bois est soigneusement garni avec de la *futée* * ou autre mastic capable de résister à la chaleur & d'interdire au vent, en cet endroit, tout autre passage que celui du *tuyau*.

La *Table supérieure* est attachée à la tête par une charnière de fer d'environ cinq pouces de longueur; cette charnière a cinq nœuds; elle est recouverte, comme toutes les autres, d'un cuir qui la cache entièrement; sa broche a quatre à cinq lignes de diamètre

---

* La futée se fait avec de la brique ou de la pierre de Saint-Leu pulvérisée & délayée avec de la colle forte, souvent aussi avec du blanc de Troie & même avec de la sciure de bois.

& ſes ailes deux pouces de largeur; celle qui eſt appliquée ſur la *tête* y eſt fixée au moyen de cinq ou ſix forts clous, & celle qui eſt appliquée ſur la *table* tient à elle par trois petits boulons à écrous, en ſorte que cette *table* peut être abaiſſée & alternativement élevée avec la plus grande facilité.

Deux *barres*, dont l'une eſt appelée par les conſtructeurs de cette machine, la *petite barre*; & l'autre la *barre de charge*, en traverſent la largeur pour la maintenir & la fortifier.

La première eſt placée au premier tiers de la longueur à compter de la charnière; elle a environ un pouce & demi d'équariſſage; elle eſt attachée par cinq clous très-forts & rivés, ou par cinq boulons à écrous.

La ſeconde eſt un bout de planche de quinze à dix-huit lignes d'épaiſſeur, poſée de champ & chantournée ſupérieurement; elle eſt fixée par un boulon à écrou à chaque extrémité, & dans ſon milieu par un troiſième boulon auſſi à écrou, qui préſente un anneau au lieu d'une tête; le nom de *barre de charge* lui a été vraiſemblablement donné, parce que par ſa hauteur elle retient ou peut retenir les poids dont on charge quelquefois la *table*, pour en hâter l'abaiſſement.

La *table inférieure* est assemblée avec la *tête*, de la même manière & dans la même vue que la supérieure; elle est pareillement maintenue & fortifiée par deux *barres*, l'une petite, semblable à celle dont nous avons parlé, appliquée aux deux cinquièmes de sa longueur, à compter de la charnière, & la grande fixée à la partie postérieure dont elle suit parfaitement le contour.

C'est du milieu de ce contour que part le *crochet* préposé pour saisir le bout inférieur d'une chaîne, par l'entremise de laquelle on met le soufflet en action : ce *crochet* est de fer, il est attaché à cette barre au moyen d'une patte en forme de *T*, par plusieurs clous rivés; il doit avoir au moins six pouces de saillie, pour éviter les frottemens de la chaîne sur les parois en cuir.

Entre la *petite barre* & la *barre du crochet*, & dans le milieu de la largeur de cette *table* est une *ventouse*, c'est-à-dire, une ouverture quarrée d'environ six pouces, à laquelle s'applique une *valvule* ou *planchette* de bois, de huit pouces en quarré, revêtue de peau de chat, ou de toute autre peau également, ou mieux fourrée; le poil en est du côté du battement qui a lieu sur la face supérieure de la *table*, cette *valvule* eſt tenue en place par des morceaux de cuir faiſant office de charnière, c'eſt ce que l'ouvrier en nomme les *attaches ;* ces morceaux lui ſont appliqués ſur la rive qui regarde la *tête ;* il eſt de plus une lanière auſſi de cuir, dont les extrémités ſont arrêtées par clous à la *table* à quelques doigts des rives latérales de la *planchette ;* elle lui ſert de bride & elle empêche qu'elle n'héſite à retomber ou qu'elle ne retombe point du tout ; cette bride ne lui laiſſe que deux pouces de jeu.

La *table mitoyenne & immobile* eſt maintenue & fortifiée par une barre de fer, que l'on a jugé à propos de nommer l'*eſſieu*, & qui eſt terminée de chaque côté en *tourillons*, ces *tourillons* excèdent de cinq ou ſix pouces le contour du *ſoufflet :* la barre eſt attachée par clous rivés ou par boulons à écrous ; ſuivant l'amplitude & le volume de la machine, on lui donne quelquefois une barre en avant & en arrière de l'*eſſieu*, ſemblable à la petite *barre* dont nous avons fait mention ; quelquefois auſſi on ſe diſpenſe de monter le *ſoufflet* ſur un pareil *eſſieu*, dans la vue de ne le tenir en place que par la *tête* & par le bout poſtérieur de la *table*, qu'on prolonge alors à cet effet.

Cette

Cette même *table* est aussi pourvue d'une *ventouse*, qui ne diffère en rien de celle de la *table inférieure*, si ce n'est que ses *attaches* sont à la rive qui répond à l'arrière du *soufflet*; sa position est par conséquent directement opposée à la position de l'autre.

Le cuir qui complète les parois de cette double caisse, est du cuir de vache passé à l'huile, & cloué près à-près dans tout le contour apparent des *tables*: sa souplesse & sa flexibilité ne sauroient être trop grandes, & on doit les entretenir, en l'huilant avec de l'huile de poisson & le *dégras* *, parties égales, au moins toutes les années. Lorsque ces mêmes *tables* sont rapprochées, il forme, selon ce rapprochement, une multitude de plis plus ou moins profonds, comme il est plus ou moins tendu selon qu'elles sont plus ou moins éloignées les unes des autres; c'est par cette raison qu'il importe à l'artiste, dès la cessation du travail, & pour ménager ces parois flexibles, de tenir la *table supérieure* soulevée, en insérant dans l'anneau qui est au milieu de la *barre de charge* la petite chaîne qui descend du milieu

* Le *dégras* est une huile de poisson qui a servie à passer des peaux en chamois; on doit s'adresser aux Chamoiseurs pour en avoir.

B

d'une traverſe faiſant partie du bâti deſtiné à placer & à ſoutenir le *ſoufflet ;* ſans cette précaution, ces parois ſeroient bientôt coupées, vu la continuité de leurs plis & de leurs replis.

Nous dirons encore que ces plis, ſoumis à l'effort de l'air extérieur, ſe précipiteroient au dedans de la machine, & en diminueroient en pure perte la capacité, ſi des *cerceaux* n'y formoient obſtacle & ne les contenoient.

Ces *cerceaux* ſont des eſpèces de cadres formés de pièces abouties par entaille à mi-bois, épaiſſes d'environ un pouce, & larges de dix-huit à vingt lignes : leur contour eſt le même que celui des *tables ;* leurs deux grands côtés ſont prolongés de cinq ou ſix lignes au-delà de la traverſe qui les contient. Ils tiennent à *la tête* par leurs extrémités, au moyen de petites lanières de cuir fixées par clous, à telle meſure qu'ils partagent en parties égales la hauteur compriſe entre les deux *tables ;* il en eſt deux entre la *ſupérieure* & la *table immobile,* & un ſeul entre la *table immobile* & l'*inférieure :* la paroi de cuir leur eſt attachée par quelques clous qu'on appelle *boutons,* à cauſe de la rondeur de leur tête ; c'eſt ce que les Serruriers nomment *potirons.* On eſpace ces clous de pluſieurs pouces ; ils ſont tous garnis, c'eſt-à-dire, que leur tête ne porte point immédiatement ſur le cuir du *ſoufflet*, mais ſur une petite rondelle de ſemblable matière, dont la tige du clou traverſe le centre.

Quant aux clous qui fixent le cuir aux *tables*, leur tête eſt large d'un pouce, pour une tige de douze à quinze lignes de longueur, ſur une ligne & un quart d'équarriſſage au collet; elle ne s'applique pas non plus immédiatement ſur le cuir, mais ſur une bande de ſemblable cuir, laquelle eſt un peu plus large que cette tête: au reſte, tout dans cette machine eſt ſi exactement cloué, ou garni ainſi que les ventouſes, de peau de chat en poil, dans les lieux où les clous ne ſauroient maîtriſer ſuffiſamment le cuir, que le vent ne peut jamais ſortir que par le *tuyau,* & ne peut pénétrer que par la *ventouſe* de la *table inférieure.*

Cette même machine eſt poſée de manière que de ſes deux *tourillons,* l'un eſt implanté dans une pièce de fer ou de bois fichée dans le mur de fond, & l'autre dans un pied-droit de huit pieds de hauteur hors de terre, entré dans le pavé & maintenu d'à-plomb; une traverſe engagée horizontalement dans le même mur, ſoutient ſupérieurement ce même pied-droit.

B ij

Les trous qui reçoivent les deux *tourillons,* doivent se répondre parfaitement , & être exactement à la même hauteur l'un de l'autre ; cette hauteur est fixée par celle de l'orifice de la *tuyère,* son obliquité étant rachetée par celle du tuyau du soufflet, au moyen de laquelle le vent est dirigé dans le centre du *foyer.*

La traverse supérieure porte le suspensoir de la *bringue-bale,* consistant en un tire-fond qui reçoit le crochet de la chape sur l'*essieu* de laquelle cette pièce se meut ; elle porte de même la chaîne dont nous avons parlé, & par laquelle nous avons dit que le *soufflet* devoit être tenu ouvert dans les temps de repos.

La *bringue-bale* est une barre de bois d'environ cinq pieds & demi de longueur, divisée en deux parties, dont l'une, mesurée depuis l'essieu de la chape à la chaîne du *soufflet,* n'a qu'environ un pied de longueur : elle est encochée dans son extrémité la plus forte pour recevoir l'anneau supérieur de la chaîne engagée dans le *crochet* fixé à la *grande barre* de la *table inférieure* : elle est armée dans son autre extrémité d'une douille terminée par un œil·rond, au travers duquel passe un crochet à tête, formant le premier chaînon de la chaîne à l'aide de laquelle on meut le *soufflet ;* cette

chaîne étant terminée par un anneau en gibe-
cière, dans lequel on peut engager quatre
doigts, & tombant par la direction de la
bringue-bale fur l'angle de la forge, de manière
qu'elle fe trouve toujours à la portée de la main
de l'ouvrier qui tifonne.

En ce qui concerne le mécanifme de cette
machine, on le concevra bientôt : l'air extérieur eft infpiré & pénètre par fon propre
poids au travers de la *ventoufe* de la *table
inférieure*, lorfque cette *table* s'abaiffe, dans
l'efpace qui eft entr'elle & la *table immobile*,
& que l'on nomme la *culée ;* ce même air,
parvenu dans cette capacité, n'y rencontre
d'autre iffue que celle que lui offre la *ventoufe*
de la *table immobile*. Il ne peut donc fe porter
par cette ouverture, dont il foulève la *valvule,*
que dans la feconde capacité qui eft entre
cette *table* & la *table fupérieure*, & que l'on
appelle la *levée*, mais il ne peut s'en échapper
que par une feule voie, qui eft celle que lui
préfente le *tuyau :* Or, qu'arrive-t-il lors de
l'élévation de la *table inférieure !* l'air contenu
dans la *culée* eft forcé de fe rendre dans la
levée ; une portion de ce même air eft expiré
par le *tuyau ;* le refte du volume reçu, qui
n'a pu fe faire jour par cette route, élève la

B iij

table fupérieure; celle-ci, en s'abaiffant enfuite par fa propre pefanteur, comprime à fon tour ce volume, qui diminue toujours, & le dirige vers le lieu de fa fortie; ainfi la *culée* fe rempliffant & fe vidant fans ceffe alternativement, met conftamment la *table fupérieure* dans la néceffité de perpétuer l'expiration par le *tuyau*, fans aucune interruption, au moyen de fon abaiffement, qui accompagne régulièrement celui de la *table inférieure*, les mouvemens de ces deux *tables* ne pouvant être que fimultanés & dans le même fens.

Il eft bon de foumettre le *foufflet* à de certaines épreuves, à l'effet de juger de fa bonté. On en bouche fortement le *tuyau*, on met la machine en action, on en fait le tour avec une lumière, après avoir chargé la *table fupérieure* d'un très-grand poids, & en favorifant toujours l'introduction de l'air par l'abaiffement & l'action follicitée dans la *table inférieure:* il eft néanmoins une mefure à cet effai, car les meilleurs clous céderoient inévitablement à une maffe & à une véhémence trop confidérable. Si, dans l'épreuve long-temps continuée, la *table fupérieure* s'abaiffoit, malgré le foin qu'on auroit eu de boucher parfaitement le *tuyau,* on ne devroit pas en être

abſolument ſurpris, l'air peut en effet s'échapper
par les pores d'un cuir neuf, qui ne lui laiſſe-
roient aucun paſſage, ſi ce cuir eût été graiſſé
& huilé quelques fois. Il faut encore examiner
ſi ce même cuir a aſſez de ſoupleſſe, s'il n'eſt
point de frottement dans la machine qu'on
auroit pu éviter, ſi la *table inférieure* a aſſez
de poids pour aider à l'action du bras du
tireur, lorſqu'il le relève; ſi la poſition de la
table immobile eſt bien horizontale, &c. &c.

V I I.

L'*ENCLUME* ou les *enclumes*, doivent être
placées à trois pieds en avant de la forge,
meſurés depuis cette forge juſqu'aux billots qui
les portent, & qui ſont établis en quelque
profondeur dans la terre, ſur un maſſif de
maçonnerie ou ſur l'extra-dos d'une voûte, ſi
l'atelier ou la boutique eſt ſur voûte.

La *table* de ces *enclumes* doit être légèrement bombée; l'un de leurs *bras* eſt quarré,
l'autre eſt rond; le *bras quarré* eſt plus court
que celui-ci, & tous les deux ſont plus nourris
qu'alongés: chacune de ces pièces doit peſer
à peu près cent cinquante livres; la *table* en
eſt élevée, à l'aide du *billot*, de deux pieds &
demi au-deſſus du ſol; elles doivent être aſſiſes

à plein-joint fur feurs *billots*, & même en-
caftrées de quelques lignes : un gougeon de
fer les fixe d'ailleurs par le centre ; l'un de
leurs côtés eft plane, c'eft celui qui doit regarder la forge ; l'autre préfente des cavités ,
des faillies, des irrégularités déterminées par
le feul goût de l'ouvrier, & doit être tourné
du côté du mur de face ; le *bras quarré* fe
trouve par conféquent à la droite du forgeur,
& le *bras rond* à fa gauche.

Il eft des *enclumes* jetées, on les reconnoît,
entr'autres chofes, à la régularité de leur
forme & à leur dureté, qui eft par-tout la
même ; ces *enclumes* ont une fragilité commune à toutes pièces qui ont été fondues :
celles qui font forgées font à tous égards
préférables, quoique beaucoup plus chères
& moins agréables en apparence, pourvu
que la *table* & les *bras* en foient acérés
d'une mife d'un bon pouce ; les carreaux
d'acier formant cette mife, doivent être de-
bout, ce dont l'œil peut juger ; car on
diftingue ces mêmes carreaux par leur couleur
fur la furface de la *table*, lorfqu'elle a été
polie. Cette mife, ainfi que toutes celles qui
compofent la maffe totale, doit être parfaitement foudée ; & on reconnoît qu'elle l'a été,

par le heurt du marteau fur toutes les parties de la fuperficie ; le marteau en tire par-tout un fon égal & extrêmement aigu.

Il feroit à propos d'avoir dans chaque forge une petite *bigorne* ambulante, encaftrée de quelque manière folide dans un *billot* largement empatté.

Il ne feroit pas moins utile de placer au long des jours de l'atelier un *établi*, c'eft-à-dire, un puiffant madrier de cinq à fix pouces d'épaiffeur, & de plus d'un pied de largeur, arrêté inébranlablement, à l'effet d'y attacher un ou deux étaux d'environ quatre pouces de mords, pour affujettir les pièces qu'on peut avoir à rétablir, à polir, à limer, &c. &c.

INSTRUMENS

dont la Forge doit être pourvue.

VIII.

PARMI les inftrumens dont la Forge doit être pourvue, les uns doivent toujours être fur l'âtre, tels font les *tifonniers*, la *pelle*, l'*écouvette*, les *tenailles à mettre au feu* & les *tenailles à main*, tant celles qui font juftes que goulues : les autres font ordinairement placés autour de l'enclume, tels font les *marteaux*, les *tranches*, les *étampes* & les *poinçons*.

Les *tifonniers*, dont l'un eft terminé en pointe droite & l'autre en crochet, font deux tiges de fer d'environ deux pieds & demi de longueur, fur fept à huit lignes de diamètre; leur autre extrémité finit par un bouton : nous préférerions à ce bouton une douille qui, fans ajouter au poids, donneroit une groffeur convenable à la poignée; le nom accordé à ces inftrumens exprime leurs ufages.

La *pelle* eft une plaque ovalaire d'environ fix pouces de longueur, fur quatre ou cinq de largeur, prolongée en une tige femblable aux *tifonniers*.

L'*écouvette* eft auffi, à peu de chofe près, pareille au *tifonnier* à crochet; elle n'en diffère que parce que le crochet qui termine une de fes extrémités eft beaucoup plus long, & fe plie fur lui-même pour embraffer une poignée ou une certaine quantité de paille, de jonc, &c. & former une forte de goupillon, dont on ufe pour arrofer le feu de temps en temps, de l'eau que doit contenir le baquet ou l'auge : cette eau en concentre la chaleur fur l'ouvrage. On fe fert encore de l'*écouvette* pour relever & entaffer le charbon du foyer, qui d'ailleurs

eft borné par une bande de fer d'environ
trente pouces de longueur, large de fix pouces,
épaiffe de quatre à cinq lignes, & pofée de
champ après avoir été pliée fur plat, pour faire
un retour de huit pouces de longueur, au
moyen duquel elle limite le *foyer* par-derrière:
cette bande, rabattue depuis le milieu de fa
longueur jufqu'à fon extrémité antérieure, de
manière que la hauteur de cette même extrémité fe trouve réduite à deux ou trois pouces,
eft ce qu'on appelle le *garde-feu*.

Les *tenailles à mettre au feu* font formées,
comme toutes les autres tenailles, de deux
branches de fer croifées & mobiles, fur un
clou rond; celles-ci ont environ deux pieds
deux pouces de branches, & un pied environ
de longueur de mords, à mefurer du centre
du clou, fur un pouce & demi de largeur
& neuf à dix lignes d'épaiffeur : le mords &
les branches font droites, mais les mords font
méplats, & diminuent d'épaiffeur, comme un
coin, jufqu'à leur extrémité. Les branches,
méplates d'abord, dégénèrent en rond en partant de l'œil : il faut obferver que toute tenaille
doit être à droite, c'eft-à-dire, qu'en tenant
les branches, une de chaque main, & confi-
dérant le clou, la branche qu'on tient de la

main droite doit toujours recouvrir l'autre branche.

On tient, par le moyen de cette *tenaille*, dans le foyer, le fer qu'on veut chauffer.

Les *tenailles à main & juftes*, ne diffèrent des *tenailles à mettre au feu*, que par leur petiteffe; elles n'ont ordinairement, à compter du clou, que dix pouces de branches, deux pouces & demi à trois pouces de mords, & une épaiffeur d'environ un pouce trois lignes à cette dernière partie. On les dit *juftes*, quand au même inftant que les branches s'atteignent, les mords en font autant; & *goulues* lorfque les branches s'atteignant, les mords font encore diftans l'un de l'autre; celles-ci font ouvertes plus ou moins, felon l'intervalle qui eft entre les deux mords, quand les extrémités des branches fe touchent.

Il eft quatre efpèces de *marteau* dans chaque forge; les plus forts font, celui qu'on nomme *marteau à battre-devant* & celui que l'on appelle *traverfe*; chaque *marteau* a deux principales faces, l'une à peu près ronde, qui porte le nom de *bouche*, l'autre qui a autant de longueur que la première a de diamètre, mais qui n'a guère que le quart de fa largeur, & qui eft connue fous la dénomination de *panne:* celle du *marteau à frapper-devant*, croise la direction du manche, & celle du marteau nommé *traverse*, suit la direction du sien. La différence de la position des *pannes* a pour objet d'étirer ou d'élargir le fer; le *marteau à frapper-devant* l'étire, la *traverse* l'élargit, si l'on suppose deux forgeurs l'un vis-à-vis de l'autre, le premier armé de la *tenaille* & du *marteau à main*, & le second de l'un des deux *marteaux* dont nous venons de parler, puisque le premier présente le fer à l'autre suivant sa longueur: Nous observerons encore que trois forgeurs travaillant ensemble, élargissent & étirent à volonté leur fer; il ne s'agit pour l'étirer que de placer le *marteau à battre-devant* vis-à-vis du premier forgeur, & la *traverse* à la gauche du *marteau à battre-devant;* & pour l'élargir, que de mettre la *traverse* à la place de ce dernier *marteau,* & celui-ci à la place que quitte la *traverse.*

Ces *marteaux* armés d'un manche d'environ deux pieds trois pouces de longueur, sur quinze lignes de diamètre, & fait de bois de houx, d'aubour, de chêne vert, de sorbier ou d'autre bois de cette qualité, doivent avoir à peu près la même masse; cette masse peut avoir environ six pouces de longueur, fur deux pouces & demi de largeur à la *bouche*, & la *panne* de la *traverfe* doit être formée de manière que fon milieu réponde fidèlement à l'axe de la maffe, tandis que celle du *marteau à frapper - devant*, ne répondra qu'au quart poftérieur de la bouche; leur perfection dépend en plus grande partie de l'*œil* qui doit être percé du milieu de la face qui regarde celui qui en eft faifi au milieu de la face oppofée; il fera parfaitement parallèle à la *bouche*, moins large à l'entrée qu'à fa fortie, & capable de recevoir le manche. Il importe effentiellement auffi qu'il foit plus près de la *bouche* que de l'extrémité de la *panne*, afin que l'une & l'autre de ces parties, dont l'une eft amincie, reftent à peu près en équilibre: du refte ces mêmes parties feront bien acérées de carreaux d'acier pofés de-bout, &c. &c.

On fe fert rarement du *marteau à main*, fi ce n'eft pour forger des fers de mulets & les inftrumens de l'atelier; il eft, à proprement parler, un diminutif des *gros marteaux*.

On emploie plus communément le *ferretier*; la maffe de celui-ci eft toute entière au-deffous de l'*œil*, elle a environ deux pouces trois lignes de longueur; fa *bouche*, qui préfente un fphéroïde

alongé, médiocrement aplati dans son milieu,
a la même dimension mesurée selon la longueur
du manche: sa largeur est d'environ un pouce
& demi. L'*œil* a treize à quatorze lignes de
hauteur, sur dix de largeur, & quelque chose
de plus à sa sortie: il doit être percé de
manière que le *marteau* reposant par sa *bouche*
sur un plan horizontal, l'extrémité de son
manche, qui aura environ onze pouces de longueur, ne sera élevée qu'à un pouce & demi de
ce même plan; la *bouche* de ce même *marteau*
sera acérée comme celle des autres.

Le *marteau* qui est uniquement destiné à
refouler les éponges du fer, se nomme par
cette raison, *refouloir;* on doit le considérer
comme un petit *ferretier.*

La *tranche* peut être regardée comme un
coin qui perdroit de sa largeur en s'éloignant
du tranchant jusqu'au milieu de sa longueur,
& qui de-là tendroit à la forme d'un cône
tronqué. Le tranchant, qui doit être dans le
même sens que la longueur du manche, en doit
être solidement acéré & aiguisé de court; sa
longueur, qui constitue la plus grande largeur
du coin, doit être au moins d'un pouce &
demi; la *tête,* ou la terminaison de la partie
conique, réduite à huit ou dix lignes de

diamètre, fera pareillement acérée pour être en état de réfifter aux coups de marteau. Le milieu de cette pièce peut avoir quinze lignes en quarré, les arêtes rabattues; fon manche, d'environ deux pieds & demi de long, & qui doit être choifi vêrt de préférence, fera refendu dans l'une de fes extrémités pour la recevoir, & bridé enfuite à cette même extrémité par deux liens de fer, l'un en deçà & l'autre en delà ; cette manière d'emmancher vaut mieux que celle qui exige un *œil*, parce qu'il faut éviter, autant qu'il eft poffible, d'affoiblir l'inftrument. On s'en fert pour couper le fer, foit à chaud, foit à froid, mais il exige plus de précautions pour la trempe dans ce dernier cas que dans l'autre.

L'*étampe* eft encore un outil indifpenfable dans chaque forge; c'eft un poinçon terminé en pyramide, dont la bafe feroit un quarré long, par travers, refpectivement au manche, & auroit vingt-une lignes en un fens, & treize ou quatorze de l'autre, avec une longueur de deux pouces, fi cette longueur n'étoit tronquée d'environ trois lignes, d'où il réfulte qu'elle fe termine par un petit quarré d'environ une ligne & demie de côté; tout ce bout eft de bon acier de Hongrie: la partie qui précède cette

cette pyramide eſt occupée par l'œil qui reçoit
le manche, & qui paſſe d'une de ſes plus larges
faces à l'autre; il lui ſuffit d'avoir cinq lignes
de largeur, & neuf ou dix lignes de hauteur.
On compte ordinairement deux pouces &
demi du bout du poinçon juſqu'au centre de
ce même œil, & trois pouces & demi de ce
centre à l'autre bout, lequel eſt un tronçon
de pyramide oppoſée à la première, ayant
une baſe ſemblable, mais dégénérant en cône
juſqu'à ſon extrémité; cette même extrémité
préſente au marteau une ſurface de huit à dix
lignes de diamètre, & cette ſurface eſt acérée
pour mieux lui réſiſter. On perce dans le fer,
avec cet inſtrument, des trous deſtinés à loger
le collet & la plus grande partie de la caboche
ou de la tête du clou.

Le *poinçon* eſt de même acéré par les deux
bouts: on l'emploie pour achever le trou fait
par l'étampe, & pour contre-percer le fer ;
il eſt quarré, ſes angles ſont abattus, ſa groſ-
ſeur eſt d'environ un pouce; la pointe eſt une
pyramide, ayant pour baſe un quarré un peu
alongé, & environ deux fois la longueur de
cette baſe pour hauteur; le ſommet en eſt
tronqué de manière que ce même ſommet
préſente un petit quarré-long, de deux lignes

C

à peu près en un fens, fur une ligne & demie de l'autre.

ACTION DE FORGER.

I X.

LA force, l'adreffe, la jufteffe du coup-d'œil, telles font les conditions principales & néceffaires dans l'action de forger : la première de ces qualités eft indifpenfable, non-feulement en ce qui concerne le maniement des inftru-mens, mais pour réfifter à l'âpreté de ce travail : la feconde, à laquelle une grande habitude fupplée quelquefois, le rend moins pénible ; par elle les difficultés font plus aifément vain-cues ; elle eft d'ailleurs le fondement de la grâce qu'on remarque dans l'ouvrier qui opère : la troifième, enfin, eft d'une importance abfolue pour juger des qualités du fer à em-ployer, des divers degrés des chaudes, des dimenfions de l'ouvrage, de la proportion exacte de fes parties, de leur infenfible for-mation, de celles fur lefquelles il convient de diriger, d'adreffer & de varier les coups, &c. Mais ni les uns ni les autres de ces dons de la Nature ne font rien, fi le courage & la volonté n'y font joints, s'ils font traverfés par une sorte d'avilissement qui passe de l'ame de l'artiste jusque dans ses bras; ou si, par la plus pernicieuse fatuité, il osoit impudemment dédaigner l'œuvre des mains, en se réservant fièrement l'honneur de présider, d'après des connoissances toujours très-superficielles, dès qu'on n'a pas ou qu'on n'a que peu pratiqué soi-même, à la manœuvre d'un ouvrier plus éclairé que lui.

Quoi qu'il en soit de ces réflexions, qui doivent être sans cesse présentes à l'esprit des Élèves, il seroit très-imprudent de ne faire aucune attention à la qualité d'une matière qui doit subir de dures épreuves pour recevoir sa forme, & qui n'en subira pas de moindres après l'avoir reçue.

Le fer qu'on se propose de placer sous le pied, comme une sorte de semelle, qui consiste communément, eu égard au cheval, en une bande plus ou moins aplatie, plus ou moins large, & courbée sur son épaisseur de manière qu'elle représente un croissant alongé, doit être liant sans être trop doux. Un fer aigre soutiendroit avec peine le travail de la Forge, & ne résisteroit point à celui auquel le soumet l'exercice de l'animal.

On parvient à connoître les différentes

qualités de ce métal à la caffure de la barre, pour peu qu'on fe forme l'habitude d'en confidérer & d'en diftinguer le grain.

Tout fer caffant, c'eft-à-dire, tout fer qu'on ne fauroit plier & déplier à froid fans le défunir, n'eft pas propre à la ferrure des animaux, & fur-tout du cheval & du mulet, il doit être rejeté. Il en eft de même de celui qu'on plie & qu'on déplie trop facilement, l'un eft trop aigre, l'autre eft trop mou.

Une multitude de facettes brillantes, fenfiblement grandes & planes, quoique d'un contour très-irrégulier, ou des grains d'un blanc brillant, réfultant d'une infinité de petites facettes qui ne différent de celles-ci que par leur petiteffe, décèlent le premier à la caffure; l'abfence de ces facettes & de ces grains, & un nombre de fibres d'une fineffe extrême & très-noires, pareilles à celles qu'on rencontre dans de certains bois, décèlent le fecond; tel eft, par exemple, le fer de Suède: Le fer le meilleur & le plus convenable à notre objet, eft celui qui préfente dans toute fon étendue une quantité confidérable de grains, non de la fineffe de ceux que nous offre la fracture de l'acier, mais d'un volume au-deffus, la furface fracturée de ce fer étant d'ailleurs entrecoupée de quelques veines fibreufes; tel eft celui que l'on trouve à Paris, & qui y eft connu fous le nom de *fer de roche;* mais il faut prendre garde d'en altérer les bonnes qualités par un trop fort degré de chaleur.

On peut confidérer dans la femelle, dont nous avons parlé, deux faces & plufieurs parties.

La *face inférieure* porte & repofe directement fur le terrein.

La *face fupérieure* touche immédiatement le deffous du fabot, dont le fer fuit exacte-ment le contour.

La *voûte* eft précifément la rive intérieure répondant à la rive extérieure en pince, & à cette même rive aux mamelles; on nomme ainfi cette portion du fer, attendu fa courbure, qui eft femblable à l'arc d'une voûte.

La *pince* répond précifément à la *pince du pied,* les *mamelles* aux parties latérales de cette même *pince,* les *branches* aux *quartiers,* celles-ci règnent depuis la *voûte* jufqu'aux *éponges.*

Les *éponges* répondent aux *talons* & font proprement les extrémités de chaque *branche.*

Les *étampures* font les trous dont le fer eft percé, pour livrer paffage aux clous & pour en noyer en partie la tête; elles indiquent le pied auquel le fer eft deftiné, celles d'un fer de derrière font plus en talon; elles font plus maigres, c'eft-à-dire, plus rapprochées du bord extérieur du fer, dans la branche qui doit garantir & couvrir le quartier de dedans, & c'eft par elle qu'on diftingue celui qui eft forgé pour le pied gauche ou pour le pied droit.

Enfin, les proportions relatives à la conftruction de chacune des parties du fer, varient & doivent varier dans leur largeur, leur épaiffeur & leur contour, felon la difpofition & la forme des parties auxquelles il doit être adapté, mais nous renvoyons cette difcuffion très-importante à l'article fuivant, & nous nous contenterons d'obferver fimplement ici que le fer doit être en général façonné de telle forte, 1.° que la largeur des *branches* décroiffe toujours infenfiblement jufqu'aux *éponges,* qui doivent être terminées fur une ligne droite, le décroiffement devant être plus marqué dans les fers deftinés aux pieds de derrière; 2.° qu'il foit égal dans toutes fes parties, eu égard à leur épaiffeur, ainfi que dans tout fon contour, &c. &c.

On nomme *loppin* un bout coupé d'une barre de fer, ou un paquet formé de vieux fers de cheval.

Pour couper un *loppin* à la barre, on n'eſt
pas toujours obligé de la mettre au feu; il
faut que le volume en ſoit tel que le *loppin*
que l'on en tirera, puiſſe fournir une matière
proportionnée à la grandeur & à l'épaiſſeur du
fer qu'on ſe propoſe d'en tirer; ce n'eſt qu'autant que ce volume ſera trop fort qu'on fera
chauffer l'extrémité de cette barre juſqu'au blanc;
l'artiſte l'apportera enſuite ſur la table de l'enclume, pour la préſenter au marteau à frapper-
devant, à l'effet de l'étirer; de-là il la placera
ſur le bras rond, & fera adreſſer les coups
ſur cette même extrémité chauffée; en obſer-
vant de baiſſer le bout qu'il tient avec la main,
ou avec les tenailles, pour que la partie dont
il a deſſein de faire un *loppin* acquière à peu
près la figure d'un croiſſant: la barre étant
miſe de nouveau ſur la table, il fera frapper à
plat juſqu'à ce que les inégalités ſoient effacées,
& que cette même partie ait été réduite à une
épaiſſeur qui puiſſe donner à tout ouvrier la
facilité d'*entenailler*, lorſqu'il s'agira de forger
le fer. Dans cet état l'artiſte s'armera de la
tranche, qu'il tiendra de la main droite, ſa
main gauche étant occupée à ſoutenir la barre;
il la poſera ſur l'endroit même où il médite
de ſéparer le *loppin*, & fera diriger les coups

fnr la tête de cet inftrument jufqu'à ce que
cette partie foit entièrement détachée: il n'en
eft pas de même quand il s'agit de couper
un *loppin* à froid; on fe contente d'entamer
la barre avec la tranche au lieu où l'on fe
propofe de couper, & l'on achève la féparation
avec le marteau.

On appelle communément, dans les boutiques, *loppin bourru*, celui qui eft compofé
de vieux fers: on prend une *déferre* affez
forte pour pouvoir réfifter à l'action du feu;
on la fait chauffer jufqu'à ce qu'elle ait acquis
une couleur de cerife, on la plie exactement
dans fon milieu, de façon que les deux branches
du fer foient à quelques doigts de diftance
l'une de l'autre; en obfervant que la partie
de ce même fer, qui portoit fur le terrein,
demeure en dehors. On garnit enfuite de *quar-*
tiers, c'eft-à-dire, de petits morceaux de fer
étirés & aplatis, l'efpace qui eft entre les deux
branches rapprochées; il faut qu'ils foient affez
larges & affez longs pour remplir en largeur
& en longueur tout cet intervalle, ou, pour
me fervir de l'expreffion confacrée, pour remplir tout l'intérieur de la *couverture*. On ferre
les deux extrémités de ces branches avec les
tenailles goulues; on frappe fur la pinee de

cette *couverture,* dans l'intention d'en appliquer plus exactement les portions repliées fur les quartiers que l'on y a inférés, & afin qu'ils y foient maintenus inébranlablement.

Il eft des obfervations à faire fur la différence des *chaudes* à donner aux *loppins,* que l'on doit faifir avec celles des tenailles qui font le plus appropriées à leur forme.

On fait chauffer jufqu'à blanc tout au plus, ceux qui font tirés à froid & à chaud de la barre. Il eft affez indifférent d'offrir à l'action du feu l'une ou l'autre des extrémités des premiers, à moins qu'il n'y en eût une qui fut pailleufe, & alors celle-ci feroit la première à lui préfenter. Quant aux feconds, lorfqu'il s'agit de former la première *branche,* on expofe de préférence à cette même action le bout par lequel elle a été féparée avec la tranche.

Le degré de chaleur néceffaire au *loppin bourru,* doit être bien plus confidérable : il faut, en effet, que toute la partie chauffée foit en fufion ; elle eft à ce point, lorfqu'elle a acquis la couleur blanche la plus éclatante & la plus vive, & qu'on voit couler de fa circonférence une craffe fondue, qui eft un mélange de terre & de fer, & qui fe vitrifie auffitôt qu'elle eft tombée. Sans cette condition les parties qu'il eſt important d'unir né feroient ſoudées que très-imparfaitement; mais auſſi, dès qu'on outre-paſſe ce degré, outre la perte du fer qui reſte dans le foyer, celui qu'on en retire eſt privé de ſon phlogiſtique, & n'a plus la ductilité & la méabilité qui le rendent propre aux uſages auxquels on l'emploie. Il eſt aigre, caſſant & incapable de ſoutenir les aſſauts de l'étampe. La première *chaude*, que les ouvriers appellent *chaudillon*, ſe donne aux éponges, & ne doit pas s'étendre au-delà, ſon véritable objet étant de faciliter la ſoudure des extrémités de la *couverture* & des *quartiers:* on remet enſuite au feu cette même extrémité du *lopin*, & l'on tire de cette ſeconde *chaude*, non-ſeulement la ſoudure entière, mais encore la principale forme de la première *branche*.

Les *loppins* ainſi chauffés, on les préſente à plat ſur la table de l'enclume; un aide, armé du marteau à frapper-devant, frappe toujours de façon à alonger & à élargir; chacun de ſes coups eſt ſucceſſivement accompagné d'un coup de la part de l'artiſte, dont la main droite eſt faiſie du ferretier, & qui frappe d'abord auſſi dans le même ſens, s'il s'agit d'un *loppin bourru*, à l'effet de ſouder & d'unir, & enſuite ſur champ, tandis que l'aide continue

à frapper fur plat, l'artiſte dans les intervalles
entre l'action de lever & de frapper du dernier, retournant promptement & alternativement de champ le *loppin*, pour l'expoſer ainſi
à ſon ferretier, juſqu'à ce que la branche ſoit
ſuffiſamment ébauchée. Les coups de ce dernier marteau tendent au ſurplus, comme ceux
du premier, au prolongement de ce même
loppin, mais ils le rétréciſſent en même temps,
& lui donnent la courbure que doit avoir un
fer de cheval, c'eſt ce que, dans les ateliers,
on appelle *dégorger*.

Si l'on ſe propoſe de former des *crampons*
quarrés, on a ſoin de laiſſer un peu plus d'é-
paiſſeur ou une ſorte de petite maſſe à l'extrémité de chaque branche, pour tirer ou lever
ces *crampons,* & s'il n'eſt queſtion que de
celui qui ne doit pas avoir plus d'épaiſſeur
que les *branches,* il ſuffira de les laiſſer plus
longues de tout ce qui doit le compoſer.

Dès que la *branche* a acquis tout le prolongement néceſſaire, l'artiſte la met dans
une ſituation perpendiculaire ſur l'enclume, &
il frappe, ſur-tout s'il s'agit d'un fer de devant, ſur l'extrémité non chauffée ; il lui
procure par cette voie une certaine courbure :
l'action conſiſtant dans ces coups adreſſés ſur

cette extrémité froide, coups qui doivent toujours être alternatifs avec ceux du marteau à
frapper-devant, qui précèdent chacun d'eux,
n'est autre chose que celle qui vulgairement
est désignée par l'expression de *monter à cheval.*
Il remet ensuite cette même *branche* à plat
fur l'enclume, il ordonne à l'aide de la frapper
dans ce sens jusqu'à ce qu'elle ait perdu
suffisamment de son épaisseur, & il contribue
lui-même à l'amincir par autant de coups de
ferretier, que l'aide en donne avec le marteau
qu'il tient.

Cette *branche* étant dans cet état, il quitte
le ferretier, & prend le refouloir, avec lequel
il la refoule à son extrémité pour commencer
à en façonner l'*éponge ;* ensuite & sur le
champ, il reprend le ferretier : lui seul façonne
le dessus, le dessous, les rives extérieures &
intérieures de cette *branche,* en se servant au
besoin de l'un & de l'autre bras de l'enclume,
pour soutenir & reposer le fer lors des coups
de ferretier qu'il adresse sur l'extérieur ; ce fer
étant tenu de champ sur le bras rond quand
il s'agit de former le demi-arrondissement de
la partie antérieure de la *branche* travaillée, &
sur le bras quarré, quand il est question de
lui donner la tournure convenable, ce qui

s'appelle *bigorner*. Du reste, si l'on étoit absolument obligé d'*étamper* le fer sur le champ,
ce seroit le moment de percer dans cette *branche*
deux trous pour un fer des pieds de devant, &
trois trous pour un fer destiné aux pieds de
derrière.

La seconde *branche* doit être forgée, fa-
çonnée & bigornée de même, après une autre
chaude, & en ce qui concerne l'action d'*étamper*, on perce tous les trous sur la ligne des
premiers que l'on a percés dans l'autre; mais
nous invitons très-fort les Élèves à ne s'y livrer
qu'après que l'inspection du pied auquel le fer
sera destiné, les aura déterminés sur l'endroit
précis où il est convenable de pratiquer les
étampures : alors ils passeront à une troisième
chaude, & ils mettront à profit les indications
tirées de cette inspection.

Cette *chaude* donnée, l'artiste, à l'effet
d'*étamper*, pose le fer à plat sur l'enclume,
ce fer étant retourné de manière que sa face
inférieure est en-dessus; il tient l'étampe de
la main gauche, il en place successivement
la pointe sur tous les endroits où il médite
de percer, sans oublier que l'une des faces
de cet instrument doit toujours être parallèle
au bord du fer, & l'aide avec le marteau à

frapper-devant, frappe fur la tête de l'étampe jufqu'à ce que la pointe ait pénétré proportionnément à l'épaiffeur de ce même fer, l'artifte frappant à fon tour avec le ferretier dont fa main droite eft armée. Nous remarquerons en paffant que des *étampures* placées à une certaine diftance les unes des autres, garantiffent l'ongle des éclats qui ne naiffent que trop fouvent des effets des lames, enfuite des *étampures* trop rapprochées, & facilitent par conféquent les moyens de maintenir & d'affurer parfaitement le fer.

Des que l'*étampure* eft faite, l'artifte rapproche avec fon ferretier le fer de la forme que ce dernier travail a altérée; & après l'avoir retourné, il applique la pointe du poinçon fur les petites élévations apparentes à la face fupérieure, & frappant du ferretier fur la tête de ce poinçon, il chaffe en dedans, & détache par les bords la feuille à laquelle le quarré de l'étampe a réduit l'épaiffeur totale du fer. Nous croirions que la meilleure manière de *contre-percer* feroit d'appliquer le poinçon du même côté qu'on a appliqué la pointe de l'étampe, mais alors il faut pofer le fer fur un billot & non fur l'enclume.

Quoi qu'il en foit, & enfuite de ces opérations,

on fait chauffer l'une ou l'autre des *éponges*,
on la refoule, on l'approprie & on lui donne
la forme qu'elle doit avoir: fi le cas le requiert
on lève un *crampon ;* on en ufe de même
pour l'autre *branche,* & enfin on expofe le
fer entier au feu, pour pouvoir lui donner
la tournure que le pied exige & l'ajuſture que
cette partie demande.

On lève les *crampons* fur la table, ou fur
le bras rond ou le bras quarré de l'enclume;
fur la table, en portant un coup de ferretier
fur le deffous de l'*éponge* de la *branche chauffée,*
à quelques lignes de diſtance de fa pointe,
qui feule repofe fur la table, tandis que le
refte de la *branche* eft foutenu par la tenaille
dans une fituation oblique où inclinée: fur
le bras rond ou le bras quarré, en pofant
cette même face inférieure de façon que le
bout de l'*éponge* déborde la largeur de l'un
ou l'autre de ces bras & en adreffant fon
coup fur l'extrémité faillante: on s'aide enfuite
du bras quarré ou du milieu de l'enclume,
pour façonner les côtés du *crampon.* Nous
ajouterons que celui qui eft formé fur la table
ou fur le bras rond, a toujours plus de folidité
que celui qui eft formé fur le bras quarré
ou fur quelqu'endroit tranchant de l'enclume,

les parties coupantes ne pouvant que l'affoiblir, dès son origine ou dès la coudure: quelquefois & affez mal-à-propos, on forme un troifième *crampon* à la pince; celui-ci fe fait par le moyen d'un morceau de fer ou d'acier coupé quarrément, dont un des angles froids eft introduit, à coups de marteau, dans la partie antérieure & à la face inférieure du fer, pour y être foudé par le moyen d'une nouvelle *chaude*. Ce n'eft au furplus que par la manière dont l'artifte préfente fon fer fur les différentes parties de l'enclume, & dont il dirige fes coups, qu'il parvient à former exactement un *crampon quarré*, ou un *crampon à oreilles de lièvre* ou *de chat :* celui-ci ne diffère du premier que parce qu'il diminue à mefure qu'il approche de fon extrémité, & qu'il eft tellement tordu dès fa naiffance & dans fa longueur, qu'il préfente un de fes angles dans la direction de la longueur de la *branche* dont il émane. Du refte, les *crampons quarrés* font à profcrire dans la bonne pratique, ils invitent plutôt l'animal à gliffer qu'ils ne l'en empêchent & ne l'affermiffent, foit que, vu leur trop grande largeur, ils ne puiffent fe loger affez facilement dans les interftices des pavés, foit qu'enfuite de la deftruction de leurs angles, leur partie

inférieure,

inférieure, dans son milieu, présente au bout d'un certain temps de travail, de plane qu'elle étoit, une convexité très-marquée, & qui met le cheval dans l'impossibilité de se soutenir sur un sol pavé ou glissant.

Nous entendons ici par *ajusture* le plus ou moins de concavité que l'on donne à la face supérieure du fer.

On le saisit avec les tenailles, s'il est destiné à l'un des deux pieds du montoir, entre l'*éponge* & la première ou la seconde *étampure* de la *branche* forgée la première. On en appuie sur le bras rond ou sur le bord postérieur de la table, en l'y présentant par sa face supérieure, la partie qui doit garnir la pince, & en plaçant la main des tenailles plus bas que n'est cette même partie sur laquelle on frappe, elle reçoit un commencement d'*ajusture*. On retourne ensuite le fer de dessous en dessus; on prend l'autre *branche* avec les tenailles, & le fer posé par la pince sur la table, on frappe du ferretier à plat entre ses deux rives, à commencer de la *pince* jusqu'à l'*éponge*, & ainsi successivement d'une *branche* à l'autre. Plus la main de la tenaille élève les *éponges*, plus le fer acquiert de concavité au moyen des coups de ferretier, qui doivent s'accorder parfaitement

D

avec les mouvemens variés de cette main, &
qu'il faut adreffer, non fur la partie de ce
même fer qui porte fur la table, mais fur les
parties qui l'avoifinent, en obfervant de frapper
toujours près-à-près fur chacune d'elles, &
de manière que l'effet de tous les coups portés
& dirigés ainfi, foit uniforme dans toute
l'étendue de la *branche*. On *bigorne* enfuite
l'une & l'autre *branche*, ajuftées ainfi que la
pince, fur l'un & l'autre bras de l'enclume, tous
les coups de ferretier devant être adreffés fur
l'arête inférieure & extérieure du fer, à l'effet
de parer à ce que cette même arête ne forgette
& ne perde l'à-plomb de l'arête fupérieure.

Il eft des *crampons poftiches* qu'on termine
fupérieurement en une vis, dont la longueur
n'excède pas l'épaiffeur de l'*éponge*. On taraude
cette partie proportionnément à la vis qu'elle
doit recevoir; on peut ôter ce *crampon* en le
déviffant, & le remettre à volonté; il faut
cependant fe précautionner contre les effets de
la terre ou des graviers qui pourroient remplir
le trou enfuite de la fuppreffion qu'on en
feroit, & l'on doit lui fubftituer une vis à
tête perdue & refendue, pour recevoir un
tourne-vis, au moyen duquel on l'ôte & on
la met en place.

Les efpèces de *griffes* qu'on pratique pour maintenir le fer & lui donner plus d'affurance, & qu'on nomme *pinçons*, font tirées de fa rive extérieure fur un bord quelconque de l'enclume, au moyen de quelques coups de ferretier, après que l'*ajuflure* a été donnée. Il en eft de même des *fertiffures* dans le fer à tous pieds fans *étampures*. Les charnières des fers brifés fe travaillent avec le burin, le foret & la lime; les encoches avec la lime; les pièces de fer s'appliquent par foudure, &c.

On peut employer deux & quelquefois trois perfonnes à frapper-devant, felon le volume des loppins, &c. &c.

DES PROPORTIONS DES FERS
& de leurs formes différentes & les plus ufitées.

X.

L'HABILETÉ dans le maniement du fer annonceroit plutôt l'artifan que l'artifte, fi l'efprit de celui-ci n'avoit aucune part au travail de fes mains, & s'il ne fe conduifoit que par l'habitude & d'après des modèles dont il feroit l'imitateur fervile. Il ne fuffit pas de donner au fer telle ou telle forme; l'art n'eft autre chofe que la méthode de bien faire, & cette méthode ne dérive & ne peut dériver que de la connoiffance de ce qui eft bien ; elle fuppofe donc d'abord un plus ou moins grand nombre de principes généraux, qui faifant éclore enfuite une foule d'autres principes particuliers, lui donnent infenfiblement le degré de perfection dont elle eft fufceptible.

Quelques hommes convaincus de la néceffité de penfer & de réfléchir en agiffant, imaginèrent, à l'afpect de certaines difformités, de certains maux & de certains effets trop fenfibles pour ne pas être aperçus, différentes efpèces de fers ; outre les fers ordinaires, nous en voyons de *couverts*, de *mi-couverts*, de *genetés*, à *pantoufle*, à *demi-pantoufle*, à *lunette*, à *demi-lunette*, à *patin*, &c. &c. mais foit que ces inventions n'aient été, dès leur origine, que de fimples idées exécutées machinalement, foit qu'ayant été raifonnées & affujetties dès-lors à de certaines conditions en ce qui concerne les formes, comme en ce qui concerne les ufages, elles aient fubi le fort de celles que le temps corrompt & altère quelquefois, ou qu'une aveugle routine pervertit toujours, il n'eft effentiellement aucune règle confignée dans les auteurs connus, & dont l'artifte puiffe s'aider dans la

pratique de la forge ; nous en tracerons ici
quelques-unes, eu égard aux fers les plus usités,
& nous déterminerons les proportions relatives
à la construction de chacune de leurs parties ;
car c'est de l'exacte régularité de l'ouvrage que
dépendent absolument la justesse de l'assiette
du fer sur le sol, celle de l'assiette du pied
sur le fer, ainsi que celle de l'à-plomb & de la
direction des membres de l'animal, & tous les
autres avantages enfin qu'on doit & qu'on peut
attendre de la ferrure.

Le premier principe dans cette opération est
de forger le fer pour l'ongle, & non d'ajuster
& de couper l'ongle pour le fer.

Le *fer ordinaire pour les pieds antérieurs,*
doit être tel que sa longueur totale soit quatre
fois la longueur de la pince, mesurée de sa rive
antérieure entre les deux premières étampures
à sa rive postérieure ou à la voûte.

La distance de la rive externe de l'une &
de l'autre branche, cette mesure prise entre
les deux premières étampures en talons, sera
trois fois & demie cette longueur, & la moitié
de cette même longueur donnera la juste dimension de la couverture des éponges à leur
extrémité la plus reculée ; chaque branche, à
compter de sa partie antérieure qui se trouve

D iij

précifément entre les deux premières étampures en pince, devant perdre par une diminution imperceptible de devant en arrière, jufqu'à l'extrémité de l'éponge, la moitié de fa largeur qui par conféquent eft, à fon extrémité antérieure, le double de celle de l'éponge.

Un quart de la longueur de la pince fixe l'épaiffeur qui doit régner dans toute l'étendue du fer.

Une fois & demie cette même mefure, plus l'épaiffeur du fer, égalera la diftance de l'angle externe de l'éponge au bord poftérieur de la première contre-perçure, foit de la branche de dedans, foit de la branche de dehors.

La moitié de la longueur de la pince, plus l'épaiffeur du fer, fera la jufte mefure du centre d'une étampure au centre d'une autre, & c'eft ainfi que toutes les étampures feront compaffées.

La moitié de la largeur des éponges défignera l'intervalle de la rive extérieure du fer au centre des étampures de la branche externe, mais cette dimenfion feroit un peu trop forte pour les étampures de la branche interne, qui doivent toujours être légèrement plus maigres que celles de la branche à adapter au quartier de dehors. Du refte, nous obferverons ici que ces mesures, en ce qui concerne les étampures, font les mêmes pour tous les fers que nous destinons au cheval.

Eu égard à l'ajusture, la pince doit se relever en bateau dès les secondes étampures en talons, de deux fois l'épaisseur du fer, à compter du sol à sa rive supérieure en cet endroit; il faut donc que dès ce même lieu les éponges perdent terre, du côté des talons, de la moitié de son épaisseur réelle, & dès-lors la convexité de la partie inférieure du fer sera d'une fois & demie son épaisseur.

Le *fer ordinaire pour les pieds postérieurs* répond, comme le précédent, par sa longueur à quatre fois la longueur de la pince & par sa partie la plus large, qui se rencontre au droit de la seconde étampure en talons, à trois fois & demie cette même mesure.

Le tiers de la longueur de la pince donne l'épaisseur que doit avoir cette partie, ainsi que la largeur des éponges tant de la branche de dedans que de la branche de dehors.

Le tiers de la largeur de la branche donne l'épaisseur de cette même branche.

Le tiers de la largeur de l'éponge fixe également l'épaisseur du fer dans ce même lieu, ainsi le tiers de la largeur du fer, dans quelque portion de fon étendue que cette mefure puiffe être prife, indiquera toujours l'épaiffeur que ce même fer doit avoir dans le lieu mefuré.

Quant aux crampons, fi l'on juge à propos d'en lever, la hauteur & la largeur de celui de dehors feront égales à la largeur de l'éponge, & fon épaiffeur à celle de cette même partie, tandis que le crampon de dedans aura la moitié moins d'élévation, fa largeur étant néanmoins la même que celle de l'éponge, & fon épaiffeur la même que celle du crampon de dehors.

Les étampures feront compaffées de manière qu'elles diviferont le fer en neuf parties parfaitement égales; la première fera auffi diftante de l'extrémité de l'éponge que la feconde le fera de la première, la troifième de la feconde, & ainfi de fuite jufqu'à la dernière : on eft néanmoins généralement dans l'ufage de les placer, au nombre de quatre, très-près les unes des autres, dans le milieu de chaque branche & de ne point étamper en pince. Nous conviendrons que cette pratique fauve du danger d'atteindre & d'offenfer le vif au moment où l'on fixe & où l'on attache le fer, & il eft certain encore qu'il eft bien plus aifé d'en ajufter les deux côtés fur le pied, que de lui en faire prendre parfaitement la tournure;

mais un artiste adroit, & qui d'ailleurs connoît à fond, comme il le doit, le tissu de la partie sur laquelle il opère, ne peut être arrêté ni par les difficultés ni par la crainte, il ne consulte que le mieux: or, selon notre méthode, la distribution des étampures étant égale dans toute l'étendue du fer qui garnit la paroi, cette même paroi résistera avec bien plus de succès à l'action pénétrante des lames & à leur tiraillement; d'ailleurs, ni la force de ces mêmes lames, ni celle des rivets ne seront capables, dans les cas où le fer pourroit être arraché, d'emporter la portion considérable d'ongle comprise entre les étampures, il seroit enlevé sans le moindre éclat, aux endroits où les clous auroient été rivés; les trous au contraire étant percés & serrés les uns contre les autres, la puissance des lames & des rivets contre la partie foible & légère de la paroi qui se trouve entr'eux, sera telle, attendu leur rapprochement, qu'en pareille circonstance cette même partie sera inévitablement entraînée & détruite.

Au surplus, le pinçon que l'on tire assez communément de la rive supérieure du fer en pince, pour être ensuite rabattu sur l'ongle, aura dans sa base autant de largeur que la branche interne en a au point de l'étampure qui avoisine le plus l'éponge, & autant de hauteur, y compris l'épaisseur du fer jusqu'à l'endroit où elle se termine en pointe, que les deux tiers de la longueur de la pince.

Le *fer à lunette* est un fer dont une partie des branches & les éponges ont été supprimées. Il ne diffère de ceux auxquels nous venons d'assigner des proportions, que par l'abréviation de sa longueur; le plus ordinairement cette abréviation est de toute la longueur de la pince, soit du fer de devant, soit du fer de derrière, & il faut que l'extrémité de ses branches ait une fois moins d'épaisseur qu'elle n'en auroit eue si elle n'eût pas été tronquée; elle doit être coupée en forme de biseau.

Le *fer à demi-lunette* est celui auquel on a coupé une seule éponge, & une partie d'une seule de ses branches.

Le *fer couvert* occupe une plus grande portion de la partie inférieure du pied que le fer ordinaire. Il a par conséquent plus de longueur à la pince & plus de largeur dans les branches; mais il n'est pas possible de fixer d'une manière positive celles qu'on doit lui donner, parce qu'elles doivent toujours dépendre du plus ou moins de convexité de la sole.

Il en eſt de même du *fer mi-couvert*, c'eſt-
à-dire, du fer en qui la largeur d'une branche
excède la largeur de l'autre, cet excès n'étant
néceſſaire que proportionnément à l'élévation
& à la ſaillie de la tumeur qui exiſte, ou à
l'étendue de la plaie que la branche doit recouvrir.

Le *fer à pantoufle* préſente dans la partie
ſupérieure de chacune de ſes branches, un
glacis incliné de dedans en dehors.

Cinq fois la longueur de la pince donne la
longueur totale de ce fer, priſe de l'extrémité
de cette partie au droit de l'extrémité des
éponges, ainſi nous avons ici un cinquième de
plus de longueur que dans le fer ordinaire
pour le devant, attendu la plus grande longueur des pieds auxquels le fer à pantoufle
convient principalement.

La largeur de ce fer, meſurée de la rive
externe d'une branche à la rive externe de
l'autre, dans le lieu où les premières étampures
en talon ſe répondent, ſera trois fois & demie
cette même longueur en pince, & la demi-
largeur étant ſupprimée de cette dernière me-
ſuré, on aura la diſtance qui doit exiſter entre
le centre de la première étampure en talon
& l'extrémité de l'éponge, ſoit de dedans,

foit de dehors, cette première étampure devant être placée à l'endroit où le fer répond à la partie la plus large du pied, parce que toute l'étendue des branches, jusqu'au bout des éponges, doit en être dépourvue depuis le lieu où les quartiers commencent à rentrer.

Le quart de la longueur de la pince donne l'épaiffeur de la rive externe de ce même fer & la moitié de cette longueur l'épaiffeur des branches dans leur rive interne, précifément à la partie du glacis d'où réfulte la pantoufle; car cette épaiffeur diminue infenfiblement à leur face fupérieure, depuis leur rive interne jufqu'à leur rive externe, tandis que leur face inférieure eft maintenue parfaitement plane : elle doit commencer dès la voûte, en augmentant toujours de plus en plus, & jufqu'au degré requis dans le lieu du plus grand refferrement des talons.

La largeur de l'éponge & l'épaiffeur de la pantoufle font les mêmes, ainfi que l'élévation de la pince au-deffus du fol, à compter de ce même fol jufqu'à la rive antérieure & fupérieure de cette partie, le tout conféquemment à l'ajufture : on n'ajufte pas les éponges, elles doivent, ainfi que les branches, porter à plat fur le terrein par leur face inférieure,

& à plat fur les quartiers & fur les talons par leur face fupérieure.

Enfin, s'il s'agiffoit de mefurer l'intervalle de l'extrémité d'une éponge à l'extrémité de l'autre, de dehors en dehors, on en trouveroit la jufte dimenfion en le comparant à deux fois & demie la longueur de la pince, c'eft-à-dire, à la moitié de la longueur totale du fer.

Il feroit fans doute inutile de parler ici du *fer à demi-pantoufle :* 'il ne diffère d'un fer ordinaire qu'en ce que les branches en ont été fimplement tordues ou contournées, à l'effet d'imiter le glacis que l'on obferve à la face fupérieure du précédent : le point d'appui du pied fur ce fer fe trouve fixé fur l'intérieur des branches, mais leur rive extérieure feule demeure chargée de tout le fardeau du corps, de manière que ni le fer ni l'animal n'ont point d'affiette fixe, que le fer peut caffer, qu'il peut porter ou entrer dans les talons & rendre l'animal boiteux, &c. &c. & l'on doit juger dès-lors de la néceffité de n'en faire aucun ufage dans la pratique.

Le *fer geneté* eft un fer ordinaire, moins long que ce dernier d'une demi-longueur de la pince & dont les éponges, une fois plus amincies, font courbées de court fur plat en contre-haut.

Le *fer tronqué* n'eft ordinairement qu'un fer propre aux pieds de derrière ; il eft dit tronqué, parce qu'en effet on y fupprime la moitié de la longueur de la pince, & alors cette partie du fer préfente une ligne droite dans fa rive antérieure, terminée par un bifeau pratiqué de deffous en deffus, c'eft-à-dire, du côté de la face inférieure : les étampures doivent être portées en talon, puifque la portion de la pince où elles auroient été placées fe trouve détruite : la première en talon fera auffi éloignée de l'extrémité de l'éponge que la première du côté de la pince le fera de la partie tronquée, ces dimenfions ont lieu pour l'une & pour l'autre branche : il faut de plus qu'entre la première étampure en pince & cette même partie tronquée, précifément au lieu des mamelles, on ait foin de tirer de chaque rive externe un pinçon, dont la hauteur fera les deux tiers de la largeur de leur bafe, & dont la partie fupérieure fe terminera en pointe, comme le pinçon dont nous avons fait mention, en parlant du fer ordinaire, dont celui-ci n'eft d'ailleurs point différent.

Le *fer prolongé* & qu'on approprie aux

chevaux rampins, ne diffère du fer ordinaire
de derrière que par les étampures, portées
toutes en arrière comme au fer précédent,
& par le prolongement de la pince portée à
une demi-longueur de plus que dans le fer
ordinaire.

Il est plusieurs espèces de fers, nommés
fers à la turque.

L'un est égal, par la pince & par sa branche
externe, en épaisseur, en longueur & en largeur, à ces mêmes parties du fer ordinaire de
derrière; mais il est à cette branche externe six
étampures qui la divisent en six portions, une
portion de la pince y comprise; la distance du
centre d'une étampure à l'autre étant juste-
ment fixée sur les deux tiers de la longueur
de cette dernière partie, cette longueur entière,
ou, ce qui revient au même, le quart de la
longueur totale du fer donnera l'étendue de la
partie à retrancher à la branche de dedans
qui doit être plus courte que l'autre de toute
cette étendue : elle sera aussi par-tout d'un quart
moins couverte; elle n'a que deux étampures
placées précisément sur sa rive externe à sa
partie antérieure & distribuées à égale distance
des autres, la ligne de foi de ce fer passant
entre la sixième & la septième, en comptant

de l'éponge de la branche externe, tandis que
dans le fer ordinaire cette même ligne en
laiffe quatre pour chaque branche. On doit
obferver encore qu'il eft néceffaire que l'arête
inférieure de fa rive externe foit détruite &
abattue, pour éviter qu'elle n'offenfe l'animal
difpofé à fe couper.

Nulle différence dans le fecond *fer à la
turque*, fi ce n'eft que l'abréviation de la
branche de dedans n'eft que la moitié de
l'abréviation de celle du premier, & que l'épaiffeur de cette même branche eft égale à deux
fois l'épaiffeur du fer mefuré en pince.

Enfin, la troifième efpèce de *fer à la turque*,
dite par quelques-uns *fer à boffe*, eft percé
de cinq étampures dans fa branche de dehors,
y compris une partie de la pince, & de
trois dans fa branche de dedans : celle-ci
préfente, à peu près dans le lieu où la quatrième étampure auroit pu être placée &
dans fa face inférieure, une exubérance
quarrée tirée de la pièce même, dont les côtés
latéraux parfaitement égaux, ainfi que celui
qui doit porter fur le fol, ont en longueur
les deux tiers de la longueur de la pince,
en hauteur un tiers de cette même longueur,
& en largeur, ainfi que les côtés antérieurs
&

& poftérieurs, la largèur qu'auroit eue la branche en ce même endroit, fi elle n'eut été échancrée dans fa rive interne & à la bafe de cette même exubérance, en forme de croiffant, de la profondeur du tiers de fa largeur en cet endroit : cette échancrure n'a pour objet que de diminuer une portion du poids que l'exubérance ajoute au fer : le lieu de l'élévation de cette même exubérance varie néanmoins felon que le cheval fe coupe; s'il s'atteint aux mamelles, on la placera immédiatement après la première étampure en pince; s'il fe bleffe du milieu de la branche, on la tirera fur ce même milieu, fans rien changer aux étampures, dont une toujours en pince, & les deux autres en talons; & s'il fe heurte enfin du bout de l'éponge, elle fera élevée après la première étampure en talon, & alors il y aura deux étampures en pince.

Les *fers à tous pieds* font de plufieurs fortes, & diffèrent peu du fer ordinaire quant aux proportions.

1.° Les branches du *fer fimple à tous pieds,* font feulement plus larges & percées fur deux rangs d'étampures diftribuées tout autour de ce fer; le rang extérieur en contient huit, & le rang intérieur fept, afin que les trous percés

E

n'affoiblissent pas la pièce, & chaque étampure d'un rang répond à l'espace qui sépare celles de l'autre.

2.° Les branches du *fer brisé à un seul rang,* sont réunies à la pince par entailles, & sont mobiles sur un clou rond rivé dessus & dessous.

3.° Le *fer brisé à deux rangs* est semblable à ce dernier par la brisure, & au premier par l'étampure.

4.° Le *fer à tous pieds sans étampures,* est brisé en pince comme les précédens; du contour entier de sa rive extérieure s'élève une espèce de sertissure tirée de la pièce qui reçoit l'extrémité de l'ongle, comme celle d'un chaton reçoit le biseau de la pierre dont il est la monture. L'une & l'autre éponge sont terminées en empattement vertical, percé pour recevoir une tige à tête perdue, dont le bout est taillé en vis; cette tige enfile librement ces empattemens, & reçoit en dehors un écrou, au moyen duquel on serre le fer jusqu'à ce qu'il tienne fermement au pied; on incline ensuite avec le brochoir, plus ou moins, la sertissure, pour l'ajuster au sabot : le plus souvent cette même sertissure présente autant de griffes & de pinçons.

5.ᵉ Les branches du *fer à double brifure*, font brifées comme la pince de ces derniers; elles font ordinairement plus étroites qu'au fer ordinaire, & cette diminution de largeur a pour caufe la néceffité de laiffer les parties qui tapiffent le deffous du pied, à la portée des yeux de l'artifte, occupé de remédier à leurs maux; ces mêmes branches font taillées fur champ, en dedans, de plufieurs crans, depuis le clou jufqu'à leur extrémité : elles font percées de trois étampures, dont deux au long de la rive extérieure, & la troifième en dedans & vis-à-vis l'efpace qui fépare celle-ci: un petit étréfillon de fer, dont les bouts fourchus entrent & s'engagent dans les crans des branches mobiles entr'ouvre de plus en plus le vide du fer, à mefure qu'on l'engage dans les crans les plus éloignés des brifures, auffi ce fer eft-il d'une grande reffource pour ouvrir les talons, ou pour les contenir enfuite de l'opération de deffoler, ou de toute autre dans laquelle ces parties pourroient fe refferrer.

Il eft encore plufieurs efpèces de *fers à patin.*

La première préfente un fer à trois crampons; celui qui eft en pince eft plus long que les autres; ce fer n'étant point deftiné à un cheval qui doit cheminer, on fe contente

ordinairement de prolonger les branches, &
d'enrouler l'extrémité des éponges pour former
les crampons de derrière, & l'on foude fur
plat en pince, une bande qu'on enroule aufſi
en forme d'anneau jeté en avant.

La feconde eft aufſi un fer ordinaire, fous
lequel on foude quatre tiges, une à chaque
éponge & une à la naiſſance de chaque branche;
ces tiges font égales & tirées des quatre angles
d'une petite platine de fer quarré-long, dont
l'afſiette eft parallèle à celle du fer, à deux
pouces de diſtance plus ou moins, & répond
à la direction de l'appui du pied.

Quant à la troiſième, elle eft encore un
fer ordinaire, de la pince duquel on a tiré
une lame de cinq ou ſix pouces de longueur,
prolongée fur plat dans un plan parallèle à
celui de l'afſiette du fer, fuivant fa ligne de
foi; cette lame eft quelquefois terminée par
un petit enroulement en deſſous.

Nous ne parlerons point ici de ces fers
abfolument plats, dont le champ eft tellement
étroit qu'à peine ils anticipent fur la fole, dont
les branches perdent de plus en plus de leur
largeur, ainſi que de leur épaiſſeur, juſqu'aux
éponges, qui fe terminent prefqu'en pointe, &
dans lefquels il n'eft que ſix étampures: ils

sont appelés par quelques-uns *fers à l'angloise ;* on les adapte assez mal-à-propos aux pieds des poulains dans nombre de nos provinces.

Nous ne faisons de même point d'usage d'un autre *fer à l'angloise proprement dit*, c'est-à-dire, d'un fer dont les branches augmentent intérieurement de largeur entre leur naissance & l'éponge ; l'étampure n'en est point quarrée & séparée ; elle est pour chaque branche une raînure, au fond de laquelle sont percés quatre trous : les têtes des clous dont on se sert alors ne se noient dans cette raînure, que parce qu'elles ne débordent les lames que latéralement. Cette manière d'étampure affoiblit le fer plus que l'étampure ordinaire & françoise, dont les interstices tiennent liées les rives que désunit la raînure.

Il seroit sans doute superflu d'entreprendre la description de nombre d'autres fers, tant anciens que modernes, proscrits par la saine pratique, d'autant plus que ceux qu'elle admet le plus fréquemment, ne doivent point être, pour de véritables artistes, des modèles dont ils ne puissent s'écarter. Des vues combinées, d'après des complications diverses & infinies qui se montrent sans cesse à celui qui médite & qui observe, leur suggèreront une multitude d'autres formes, & la feule loi à laquelle ils s'aftreindront rigoureufement dans le travail de la forge, fera celle de raifonner toujours leurs ouvrages , & d'éviter fur-tout toutes les difproportions qui rendent la plupart des fers monftrueux & funeftes à l'animal.

Ceux que l'on defline aux mulets diffèrent de ceux qui font deftinés aux chevaux, attendu la ftructure & la forme de leurs pieds. Le vide de ces fers eft moins large pour l'ordinaire , les branches en font plus longues & débordent communément le fabot, &c. &c.

On appelle du nom de *planche* & de *florentine*, ceux qui font particuliers à ces animaux.

La *planche* eft une large platine , de figure à peu près ovalaire, ouverte d'un trou de la même forme , relatif aux proportions de la fole.

Nous fuppoferons d'abord deux lignes, l'une de foi, qui partagera le trou ovalaire en deux parties égales, felon fa longueur, en fe prolongeant fur la pince & fur les talons, l'autre tranfverfale, qui coupera la première à angle droit dans le centre de ce même trou, fuivant fa largeur, & fe prolongera fur les branches.

Si nous voulons connoître la longueur totale

de ce fer, mesuré depuis la sommité ou la
pointe de la pince, dans son état d'élévation,
jusqu'à la rive postérieure de la platine en talon,
nous la trouverons dans quatre fois la largeur
de la branche externe entre les deux dernières
étampures les plus éloignées de la pince, sans
y comprendre le rebord que l'on y observe.

Sa largeur, mesurée de la rive externe de
l'une & de l'autre branche entre ces mêmes
étampures, sera égale à la longueur prise depuis
le centre du trou ovalaire jusqu'à l'extrémité
de la pince.

La longueur totale de la pince, à compter
de la rive antérieure de ce même trou, plus
la distance qu'il y a du centre d'une étampure
à l'autre, nous donneront la juste largeur de
la platine en talon, en la mesurant sur une
ligne qui, tirée dès le lieu où se termine le
rebord pratiqué à la branche externe, la couperoit transversalement, tandis que nous en
aurons la juste longueur en mesurant de la
rive postérieure du trou dont nous venons de
parler, jusqu'à la rive postérieure de cette
même partie, dans l'endroit où la ligne de
foi la coupe en deux portions égales, & en
comparant ensuite cette mesure avec celle
que nous offriroit la moitié de la longueur

de la pince, prife de la rive antérieure du trou ovalaire, cette même dimenfion nous donnant la largeur de ce trou, dont la longueur eft encore déterminée par elle, en y ajoutant la largeur de la branche de dedans, que l'on doit prendre dans fa partie la moins couverte.

La largeur de cette même branche, dans le même lieu, c'eft-à-dire, entre la première & la feconde étampure poftérieures, eft la même que les deux tiers de la longueur de la platine au talon, confidérée toujours dans la direction de la ligne de foi.

Le quart de cette largeur détermine l'épaiffeur du fer, foit de la branche de dedans, foit de la rive interne de celle de dehors, foit du talon, foit de la voûte, & cette épaiffeur eft réduite infenfiblement à moitié à la pince & à la rive extérieure de la dernière de ces branches, à commencer au-delà des étampures placées fur cette partie dans le lieu le plus voifin.

Cette même branche, à compter de la fommité de la pince, diminue infenfiblement jufqu'à la portion du talon traverfée par la ligne de foi, de manière qu'au long de cette même ligne le talon n'a que la moitié de la

longueur de la pince, mefure que nous lui
avons ci-devant affignée. Nous dirons encore
que depuis le point où cette ligne coupe fon
contour poftérieur; ce même contour, en formant la naiffance de la branche de dedans,
fe rapproche de plus en plus du centre, pour
réduire la largeur de cette branche à la mefure que nous lui avons donnée entre les deux
étampures poftérieures, largeur qui accroît
toujours jufqu'au lieu qui répond à la première
étampure en pince : dès-lors fa rive externe
rentre de plus en plus jufqu'à l'extrémité de
cette dernière partie, de manière que cette
extrémité formant une pointe arrondie, répondroit à une ligne qui concourroit avec la
rive latérale du trou ovalaire du côté de cette
même branche.

Le bord poftérieur des premières étampures
en talon n'outre-paffera pas le premier tiers
de la longueur du trou ovalaire, & ce même
tiers, plus la longueur totale du talon égaleront
l'intervalle qui doit limiter l'étendue de la
portion qui, dans chaque branche, porte les
quatre étampures, la largeur du trou ovalaire,
dans fon milieu, marquant celui qui doit
féparer les étampures en pince de la branche
de dedans & de la branche de dehors; toutes

les étampures de chacune des branches doivent au surplus être espacées du centre de l'une au centre de l'autre, de la cinquième partie de la longueur de la pince, prise du bord antérieur du trou ovalaire à sa pointe, deux fois l'épaisseur de la voûte donnant la distance de la rive interne de ce trou, à ce même centre, dans la branche externe, & deux fois & demi cette même épaisseur, marquant celle de cette même rive à ce centre dans la branche de dedans : du reste nous ne pouvons nous dispenser de convenir que jusqu'ici les étampures n'ont jamais été placées si fort en pince dans les planches, sans doute par la difficulté de saisir la tournure de la pince du pied du mulet & de les disposer autour de cette partie dans le point où elles ne seroient ni trop maigres ni trop grasses.

L'élévation de la pince, conséquemment à l'ajusture qui doit commencer dès les étampures les plus voisines de cette partie, sera depuis le sol jusqu'à sa sommité, comme la longueur de la platine en talon, depuis la rive postérieure du trou ovalaire, plus la moitié de la largeur de la branche interne dans sa portion la plus étroite.

Enfin, depuis cette même sommité & dès sa

pointe, s'élève une bordure deftinée à fortifier la rive extérieure de la branche de dehors, dont elle fuit le contour, pour fe terminer & fe perdre à peu près à la hauteur d'une ligne, qui couperoit le talon par la moitié de fa longueur : elle eft tirée de la pièce même, elle eft égale en hauteur à l'épaiffeur du fer prife à la branche de dedans ; tout le refte de la planche, non occupé par cette bordure & par la pince, doit être, ainfi que cette dernière branche & le talon, parfaitement plane & uni à l'effet de porter à plat fur la paroi de l'ongle.

Le *fer à la florentine* eft proprement une planche, dont l'ouverture eft telle qu'elle le divife en deux branches féparées en talon comme les fers ordinaires.

Trois fois la largeur de la branche externe, au droit de la feconde étampure en pince ; plus, la diftance qu'il y a de la feconde étampure, répondant à celle-ci, à la rive externe de la branche de dedans, donnent la longueur totale de ce fer depuis l'extrémité de la pince jufqu'à l'extrémité des éponges.

Celle qui fe rencontre depuis l'angle externe de l'extrémité de l'éponge de la dernière de ces branches, au centre de la feconde étampure en pince de l'autre, eſt la même que la largeur du fer, priſe de la rive extérieure de la branche de dedans, à la rive extérieure de la branche de dehors, au droit de cette même étampure.

Deux fois la largeur de la branche externe, meſurée entre la ſeconde & la troiſième étampure, à compter de la pince, forment l'intervalle qui ſe rencontre de la voûte au droit du bout des éponges & fixe la juſte longueur de chaque branche, à compter de cette même voûte; la moitié de cette longueur nous donnera donc auſſi la juſte largeur de la branche externe, à l'endroit déſigné; & ſi nous cherchons celle qu'elle a entre les deux étampures en talons, nous n'aurons qu'à la comparer à l'intervalle qui ſépare les deux étampures qui ſe répondent en pince, la moitié de cet intervalle marquant au ſurplus ſa largeur à l'extrémité des éponges.

La diſtance de la rive externe de la branche de dedans, au centre de la première étampure en pince, dans la branche externe, égale la longueur de la pince depuis ſa ſommité juſqu'à la voûte.

La largeur de la branche de dedans, priſe entre les deux premières étampures en pince, eſt la même que la moitié de cette longueur, cette même largeur décroiſſant entre les deux étampures en talon, au point qu'elle n'a plus que la largeur de la branche externe, prise du centre de la seconde étampure en pince à sa rive extérieure.

La moitié de la largeur de la branche interne, à compter de sa rive interne à la rive intérieure de la première étampure en talon, donne l'épaisseur du fer dans toute l'étendue de cette même branche & dans une grande partie de celle de dehors, l'épaisseur de celle-ci, ainsi que celle de la sommité de la pince, devant être réduite à moitié, à compter de la voûte jusqu'à sa rive extérieure.

La moitié de la longueur des branches mesurées de la voûte, est la même, soit dans la branche de dedans, soit dans la branche de dehors, que celle de l'extrémité de l'éponge, au centre de la première étampure en talon, & la position de toutes les étampures ne doit différer en rien de celles que l'on donne aux étampures de la planche, non plus que la hauteur de la bordure qui règne sur la rive externe de la branche de dehors, elle doit seulement commencer ici vis-à-vis la première étampure en talon.

Enfin, la hauteur de la sommité de la pince, conséquemment à l'ajusture, sera égale à la diftance des étampures en pince de chaque branche, prife de la rive externe de l'une & de l'autre, &c. &c.

Paffons au *fer à la florentine* deftiné aux pieds de derrière

Deux fois fa largeur, prife au droit d'une ligne, qui couperoit le centre des étampures en talon, de l'une & de l'autre branche, & qui termineroit fon cours à leur rive externe, nous donnera fa longueur totale.

Sa largeur, à compter des rives externes de ces mêmes branches, entre la première & la feconde étampure en pince, fera égale à la diftance qui fe rencontre entre l'angle externe de l'éponge de la branche de dehors & le centre de la feconde étampure en pince de la branche de dedans, tandis que près de l'extrémité des éponges, elle fera réduite à la diftance qui fépare la dernière étampure en talon de la branche de dehors, de la feconde étampure en pince de la branche de dedans, du centre de l'une au centre de l'autre.

La longueur de la pince, prife de la voûte à fa fommité, eft la même que la longueur des branches, mefurées de l'extrémité de l'éponge au bord poftérieur de chacune des premières étampures en pince inclufivement;

& la moitié de cette longueur fixe la largeur
de la branche externe, mesurée de sa rive
externe à sa rive interne, sur une ligne qui
partageroit en deux parties égales sa première
étampure en pince; cette même branche, à
sa première étampure en talon, ayant la même
largeur que la branche interne à sa seconde
étampure en pince. Plus antérieurement celle-ci
mesurée au lieu de sa première étampure, est
large de tout l'espace qui sépare les deux branches
entre les deux secondes étampures en pince,
& mesurée en talon près de l'extrémité des
éponges, elle a en largeur la même distance
que celle que l'on trouve de centre à centre de
chaque étampure dans chaque branche.

Quant à la longueur des branches, prise depuis la voûte à l'extrémité des éponges, elle
égale la largeur totale du fer à environ deux
lignes au-dessus des premières étampures en
talon.

La moitié de la largeur de l'éponge ou du
crampon de la branche interne, nous donnera
l'épaisseur du fer dans toute son étendue, celle
des crampons des deux branches, & la distance
qui doit être inférieurement entre ces mêmes
crampons & la première étampure en talon,
comme celle qui sépare la rive interne de la

branche de dehors & la rive externe de la branche de dedans des quatre étampures placées fur chacunes d'elles, obfervant néanmoins que la pince prolongée doit fe trouver réduite in-fenfiblement à moitié de cette épaiffeur.

En ce qui concerne l'élévation de la pince au-deffus du fol, d'après l'ajufture pratiquée imperceptiblement dès la voûte jufqu'à l'extré-mité de cette partie, elle fera donnée ou prife fur la largeur de la branche externe à l'ex-trémité de l'éponge; le refte de l'étendue du fer devant être formé de manière que le pied de l'animal y porte à plat, folidement & à fon aife.

Il eft encore pour les mulets de charrette, des fers appelés affez communément dans les boutiques, des *fers quarrés*.

Le *fer quarré de devant* a une largeur mefurée entre les étampures en talons de la rive externe d'une branche à la rive externe de l'autre, femblable à la diftance qui eft entre l'extrémité de chaque éponge & le centre de l'étampure en pince, répondant à la branche qui la porte.

La moitié de fa longueur totale eft le double de l'intervalle qu'on remarque entre le centre de la première étampure en pince, &

le

le centre de la feconde étampure en talon, dans quelque branche que cette mefure foit prife.

La longueur de la pince eft, depuis la voûte jufque dans l'entre-deux des deux étampures en talon, égale à la largeur de la branche externe mefurée au droit de cet entre-deux : cette même mefure donne la diftance qui fépare le centre des deux étampures en pince, ainfi que la largeur de la branche de dedans, prife de fa rive externe à fa rive interne, au droit de la feconde étampure en pince.

La moitié de cette mefure eft celle de la largeur des éponges ; elle donne encore l'intervalle du centre d'une étampure à l'autre, dans l'une & l'autre branche.

Trois fois cette dernière mefure égalera la diftance de la première étampure en talon à l'extrémité de l'éponge, & la moitié de la largeur de l'éponge nous donnera l'épaiffeur du fer.

Enfin, la diftance de la rive poftérieure d'une contre-perçure à la rive antérieure de l'autre, marquera l'élévation de la pince conféquemment à l'ajufture.

Quant au *fer quarré de derrière*, il ne

F

diffère du précédent ni par sa largeur, ni par sa longueur, ni par son épaisseur, mais par les étampures qui y seront placées & distribuées comme dans le fer à la florentine destiné aux pieds postérieurs : on y pratiquera de même des crampons. Le tiers de la largeur de la pince donnera son élévation d'après l'ajusture, qui doit ici commencer dès la voûte, pour monter insensiblement jusqu'à la sommité de la première de ces parties.

Fers pour les bœufs. Le bœuf étant un animal à pied fourchu, la forme des fers dont on arme ses ongles doit différer essentiellement de celle des fers préparés pour les solipèdes ; ils consistent en deux pièces séparées pour chaque pied ; chacune d'elles est une platine de fer circonscrite, conformément à l'assiette de l'ongle auquel elle doit être adaptée, de manière qu'elle représente le quart d'un ovale, borné d'une part par le grand axe, & c'est la rive qui répond à la fourchure du pied de l'animal, de l'autre par le quart de sa circonférence, & c'est la rive extérieure, enfin par la rive postérieure, qui n'est autre chose que la ligne droite, à peu près parallèle au petit axe, & menée de la fin de l'extérieure à la terminaison de l'intérieure, chaque platine devant couvrir

exactement cette même affiette fans la dépaffer,
& laiffer une partie du talon à découvert.

Au long de la rive extérieure font percées
cinq étampures, la première étant en pince,
la dernière ne paffant la moitié de la longueur
totale de cette rive que de la moitié d'un intervalle ordinaire d'étampure à étampure; celles-ci
font plus maigres que dans les fers deftinés
aux chevaux; les lames employées dans cette
ferrure n'ont pour tête, par cette raifon, que
deux épaulemens latéraux, dans le même plan
que la partie plate & pointue qui pénètre dans
l'ongle, & l'étampe n'a de bifeau que des
deux côtés oppofés feulement, & qui répondent
aux petits côtés de la lame, les autres côtés
de l'étampe étant droits jufqu'au bout; ainfi
les étampures des fers pour les bœufs n'ont
que la moitié de la largeur de celles des fers
pour les chevaux, & on ne court aucun rifque
en étampant très-maigre, d'affamer la rive
extérieure.

La rive intérieure n'eft pas rectiligne, elle
eft un peu rentrante pour fuivre un cambre
léger qu'on remarque dans l'ongle de l'animal;
à cette même rive on tire de la pince une
bande repliée fur plat à angle droit, de manière que fon extérieur n'en dépaffe pas l'affiette;

quand on a broché & rivé les lames ; on rabat cette même bande fur le bout de l'ongle qu'elle embraffe par ce moyen.

Quelquefois on tire entre cette bande & la rive poftérieure, un pinçon qu'on redreffe auffi à angle droit fur l'affiette. Il fe loge contre le lieu de la paroi intérieure de l'ongle, où le cambre eft plus fenfible, & il oppofe une réfiftance conftante aux clous, qui tendroient toujours à tirer le fer & à le faire déborder du côté des étampures.

Dans quelques occafions on fe contente d'en tirer un de l'extrémité de la pince qui, du lieu où il part, fe relève fuivant un quart de rond. Sa direction eft telle que fi, continuant de le plier fur plat, on l'abaiffoit jufque fur l'affiette de la platine, il concourroit avec la ligne qu'on tireroit du milieu de fa naiffance au-deffous de la dernière étampure. Il ne fert qu'à défendre le bout de l'ongle de l'effet des heurts répétés qu'il pourroit éprouver. On n'omet pas le pinçon répondant au cambre, on le tient même un peu plus haut & un peu plus large, quand on fupprime la bande, & qu'on lui fubftitue le pinçon en pince.

Si nous voulons recueillir les dimenfions principales de cette platine, nous trouverons,

1.° que fa longueur totale, à compter de fon extrémité antérieure à la rive poftérieure, eft deux fois fa largeur à cette même rive : 2.° Que cette largeur fimple eft la même à la feconde étampure en talon, mefurée de la rive externe à la rive interne : 3.° Que la bande repliée fur plat eft élevée de toute la diftance qui fépare le centre de la première étampure en talon de l'extrémité de la pince, & que la largeur de cette même bande eft égale à l'in-tervalle qui éxifte entre fon angle antérieur & l'angle poftérieur de la première étampure en pince : 4.° Que fon épaiffeur eft moindre de peu de chofe à fon extrémité : 5.° Que la bafe du pinçon qui eft entr'elle & le talon, eft la même en largeur que l'efpace qui fe trouve entre deux étampures, mefuré du centre de l'une au centre de l'autre : 6.° Que la hau-teur de ce même pinçon, mefuré de fa bafe à fa pointe, fans y comprendre l'épaiffeur du fer, donneroît la mefure de l'intervalle du bord antérieur de l'étampure en talon, au bord pofté-rieur de la feconde, & ainfi des trois autres jufqu'à la pince : 7.° Que la face fupérieure de la platine, fur laquelle le pied de l'animal doit repofer immédiatement, eft concave d'envi-ron deux fois l'épaiffeur du fer, ce qui donne

la mesure de la convexité de sa face inférieure, &c. &c.

Il est au surplus des pays dans lesquels on
ne ferre point les bœufs ; il en est d'autres
où l'on ne leur applique qu'une seule platine
sous un des ongles, qui est l'externe, c'est-
à-dire celui qui répond au quartier de dehors
du pied du cheval, cette ferrure étant pratiquée tant aux pieds de devant que de derrière.
D'autres fois les pieds de devant sont ferrés
de deux pièces & en entier, tandis qu'on n'en
met qu'une aux pieds de derrière, &c. &c.

INSTRUMENS
propres & particuliers pour l'action
de ferrer.

X I.

CES instrumens sont le *brochoir*, le *boutoir*,
les *triquoises*, la *râpe*, le *rogne-pied* & le
repoussoir.

Le *brochoir* est un *marteau* qui n'a pas tout-
à-fait un pouce & quart de l'appui de la *bouche*
au centre de l'*œil*, quoique cette même *bouche*
ait plus d'un pouce & un quart de largeur en
l'un & l'autre sens.

La forme de celui que je décris eſt octogone ; la *bouche* en eſt légèrement bombée, les *joues* ſont à-peu-près droites & parallèles l'une à l'autre : on obſerve dans la face oppoſée au manche , un enfoncement de trois ou quatre lignes de profondeur entre l'*œil* & la *bouche*, l'*œil* ayant plus de ſaillie que cette dernière partie , & la *panne* en ſens croiſé du manche, & refendue à ſon extrémité en deux *oreilles* terminées en biſeau de devant en arrière, ſe retirant juſqu'à l'à-plomb de la partie poſtérieure de la *bouche* ; la face, du côté du manche , eſt enfoncée entre la *bouche* & la *panne*, de manière que le milieu de la largeur de la *joue* répond verticalement au centre de la *bouche* ; du centre de l'*œil* à l'extrémité des *oreilles*, il y a à peu près un tiers de plus de diſtance que de la *bouche* à ce même centre.

La longueur totale du manche eſt d'environ treize pouces & demi ; la poignée ſe terminant par une ſorte de bouton alongé, qui l'aſſure dans la main de l'artiſte : il pénètre dans l'*œil* avec deux clavettes dont les têtes ſont rabattues ſur les petits côtés de ce même *œil*, & dont les lames qui revêtent le manche ſont fixées par un rivet qui le traverſe après les avoir traverſées elles - mêmes. Du reſte, &

cette obſervation eſt importante, la *bouche* eſt bridée, c'eſt-à-dire, ramenée contre la main, de telle ſorte qu'en en prolongeant la ſurface, elle aboutiroit environ à la moitié du manche, ce qui eſt abſolument eſſentiel, car autrement l'artiſte ne pourroit adreſſer ſes coups ſans quelque riſque de couder les lames.

Le *boutoir* eſt un inſtrument tranchant, qu'on peut ſe repréſenter ſous la forme d'un ciſeau dont la lame très-mince auroit environ deux pouces de largeur; les deux bords latéraux de cette lame ſont relevés de deux lignes ſeulement de profondeur en forme de gouttière, ſa largeur de deux pouces, ainſi que les rebords en gouttière, ne ſubſiſtant au ſurplus que dans la longueur d'environ trois pouces pour les plus longs; cette longueur eſt continuée par une tige à huit pans, tirée de la lame, ſuivant ſa ligne de foi; cette tige a ſix lignes de largeur ſur cinq d'épaiſſeur, & quatre pouces de longueur, à compter de ſon départ de la lame, toute ſon épaiſſeur, ainſi que la ſaillie des rebords en gouttière, étant rejetés en deſſus de manière que cet inſtrument repoſant ſur une ſurface plane, par ſa ſurface inférieure, la toucheroit par tous ſes points: à un pouce de l'extrémité de la tige naît de ſa ſurface supérieure une continuation en forme d'*S*, pour donner naissance à la soie qui pénètre dans le manche, & se trouve rivée à son extrémité dans une rondelle; cette partie en *S* est étoffée à l'égal de la tige, la soie diminuant à l'ordinaire.

Le manche est de quelque bois dur, il est terminé par une virole de six lignes de largeur, entaillée dans sa partie inférieure pour loger une petite partie de l'*S*, & s'opposer dès-lors à ce que la soie ne tourne & ne varie; il est deux pouces & demi du dessous de la tige à l'axe de ce manche; la direction de cet axe est dans le plan vertical qui diviseroit en deux portions égales l'*S*, la tige & la lame, étant perpendiculaire au plan de cette même lame; mais l'axe du manche n'est point parallèle en tous sens à celui de la tige; s'il étoit prolongé, il seroit rapproché du coupant de six lignes de plus qu'il ne l'est du dessous de la tige, au lieu de son insertion dans la poignée; cette poignée a cinq pouces de longueur, en commençant à la virole, sur un pouce de diamètre, & grossit de plus en plus insensiblement jusqu'à son extrémité, mais beaucoup plus rapidement à compter d'un pouce & demi de l'endroit où elle finit & se termine.

On nomme *triquoiſes* l'inſtrument que les Charpentiers & autres artiſans appellent communément *tenailles;* celui-ci ne diffère de l'autre que par la terminaiſon ordinaire de ſes branches en olives ou en boutons.

La *râpe* eſt une râpe à bois, mi-ronde & d'un pied de lame.

Le *rogne-pied* eſt un tronçon de ſabre d'environ huit ou dix pouces de longueur.

Enfin, le *repouſſoir* eſt un poinçon de cinq à ſix pouces de longueur, terminé comme le le ſeroit une *lame* coupée quarrément dans ſon milieu.

Quoi qu'il en ſoit, le *tablier à ferrer* de l'artiſte doit contenir ces inſtrumens.

Ce *tablier* préſente deux gibecières de cuir; à trois principales poches chacune, qui portent & qui repoſent ſur la partie latérale & ſupérieure des cuiſſes, étant ſuſpendues par une ceinture de cuir qui, avec la monture qui réunit ces deux gibecières, fait deux fois le tour du corps de l'artiſte, & vient ſe boucler à une boucle à ardillon, partant de celui des angles de la monture qui répond à ſa cuiſſe droite. Sur cette ceinture s'abat une pièce triangulaire tirée de celle qui réunit les deux gibecières, pour la recouvrir au bas du ventre;

chacune de ces gibecières est composée, 1.°
d'une grande poche dont la forme revient à
un quart de sphère appliqué contre le tablier,
lequel présente néanmoins une surface à peu près
plane : 2.° de deux autres poches presque
semblables, mais plus petites, & placées l'une
dans l'autre, comme elles le sont elles-mêmes
dans la première, c'est-à-dire n'occupant qu'environ la moitié du vide.

Il est en outre un petit gousset recouvert
d'une patte, sur l'extérieur de chaque grande
poche ; il est un peu rejeté sur l'arrière.

La grande poche droite reçoit le brochoir,
la seconde reçoit la râpe, & la troisième le
boutoir.

La grande poche gauche reçoit les lames,
un petit fourreau pratiqué dans son angle antérieur reçoit le repoussoir, la seconde reçoit
le rogne-pied, & la troisième enfin reçoit les
triquoises.

ACTION DE FERRER.
XII.

L'ACTION de ferrer doit être nécessairement
précédée non-seulement de l'examen des pieds
de l'animal, mais de celui de l'action de ses

membrés, foit au trot, foit au pas, ainfi que
de la confidération de la juftefe ou de la fauffeté
de leur à-plomb; fans cette première infpection
attentive l'artifte ne parviendra jamais à rectifier,
comme il le peut, fur-tout dans des chevaux
encore jeunes, les défauts qui peuvent vicier
fes allures, ni ceux qui peuvent exifter dans
la direction des colonnes, & il ne fauroit fe
conformer, dans fon opération, aux principes
qui doivent lui fervir de guide, & que nous
nous propofons d'établir dans la fuite.

Ce n'eft donc qu'après que fon efprit &
fes yeux auront été frappés des différentes indications fur lefquelles il doit abfolument fe
régler, qu'il forgera des fers, ou qu'il appro-
priera ceux qu'il trouvera proportionnés à la
la longueur & à la largeur de la partie, &
convenables aux circonftances, en fe rappelant
toujours qu'un fer trop lourd & trop pefant
caufe infailliblement la ruine plus ou moins
prompte des jambes des chevaux.

Le fer étant forgé ou préparé, l'artifte,
muni du tablier, ordonnera à l'aide ou au
palefrenier, de lever un des pieds de l'animal.
L'aide tiendra ceux de devant fimplement
avec les deux mains; quant à la tenue de ceux
de derrière, le canon & le boulet appuiéront

& repoferont fur fa cuiffe, & pour mieux s'en affurer, il paffera fon bras gauche, s'il s'agit du pied gauche, & fon bras droit, s'il s'agit du pied droit, fur le jarret du cheval.

Rien n'eft plus capable de rendre un animal difficile & impatient dans le temps qu'on le ferre, que l'action de mal lever ou de mal tenir les pieds; l'artifte aura la plus grande attention à ce qu'il ne foit ni gêné ni contraint par l'aide chargé de ce foin; il ordonnera à ce même aide de ne pas élever trop haut & de ne pas trop écarter du corps du cheval la partie qu'il doit maintenir : il ne fouffrira pas qu'il le brutalife; il lui recommandera de s'affermir lui-même dans la fituation qu'il aura dû prendre, & de ne pas permettre enfin au cheval de pefer & de s'appefantir fur lui, ce qui arrive le plus fouvent par la faute du palefrenier qui, fe repofant lui-même fur l'animal, l'invite à oppofer fon propre poids à celui qu'on lui fait fupporter. Si le cheval retire le pied, l'aide lui réfiftera, non en employant une grande force, mais en fe prêtant en même temps à fes mouvemens, auxquels il ne cédera néanmoins que dans le cas où l'animal retireroit vivement cette partie; mais il ne fe rendra qu'à la dernière extrémité,

& il l'abandonnera toujours avec précaution, s'il eſt obligé de la laiſſer aller & de la quitter. Il faut ſe ſouvenir au ſurplus qu'on acquiert le double de force contre le cheval, lorſqu'on lui tient le pied par la pince, parce qu'on l'oblige à une flexion conſidérable dès que la pince eſt beaucoup plus élevée que le talon.

Les chevaux difficiles à ferrer, doivent être gagnés par la douceur; les coups, la rigueur les révoltent encore davantage, & ſouvent les careſſes les ramènent : ce n'eſt qu'autant que tous les moyens connus ont été mis en uſage, qu'on doit ſe déterminer à les placer dans le travail, & qu'on peut avoir recours à la platte-longe; le parti de les renverſer eſt le moins ſûr à tous égards; celui de les trotter ſur des cercles, après leur avoir mis des lunettes, dans l'intention de les étourdir & de provoquer leur chute, eſt très-dangereux, on ne doit l'adopter que dans le cas de l'inſuffiſance abſolue de toutes les autres voies. Il en eſt qui ſe laiſſent tranquillement ferrer à l'écurie, pourvu qu'on ne les ôte point de leur place; d'autres exigent ſimplement un torche-nés, d'autres des morailles, quelques-uns enfin ne ſe prêtent à cette opération qu'autant qu'ils ſont dégagés de leur licol, de tous liens quelconques,

en un mot, abfolument abandonnés & totalement libres; c'eft à l'artifte à rechercher &
à fonder toutes les routes pour parvenir à fon
but; mais il importe très-fort de recommander
à tous ceux qui foignent des chevaux ennemis
de la ferrure, de leur manier fréquemment
les jambes, de leur lever toujours les pieds
chaque fois qu'ils les alimentent de fourrage,
de fon & fur-tout d'avoine, & de frapper fur
la face inférieure de ces dernières parties lorfqu'ils les ont levées; infenfiblement les chevaux les moins aifés s'habitueront à fouffrir
la main de l'artifte, à moins qu'ils n'aient
été trop fortement & trop long-temps gour-
mandés.

Nous fuppofons l'aide faifi du pied de
l'animal, l'artifte ôtera d'abord le vieux fer; il
appuiera à cet effet un coin du tranchant du
rogne-pied fur les uns & les autres des rivets,
& frappant avec le brochoir, fur ce même
rogne-pied, il parviendra à les détacher; alors
il prendra avec les triquoifes le fer, par l'une
des éponges & le foulèvera; par ce moyen il
entraînera les lames brochées, & en donnant
avec les mêmes triquoifes un coup fur le fer
pour le rabattre fur l'ongle, les clous fe
trouveront dans une telle fituation qu'il pourra

les pincer par leur tête & les arracher entièrement : d'une éponge il paffera à l'autre, &
des deux éponges à la pince, c'eft ainfi qu'il
doit déferrer l'animal. S'il s'agiffoit cependant
d'un pied douloureux, il ne fe ménageroit
point ainfi la facilité de faifir les têtes ; il
tâcheroit de les foulever avec le rogne-pied,
en frappant fur cet inftrument, pour pouvoir
les enlever & les prendre. Il faut encore
qu'il examine les lames qu'il retire ; une portion de clou reftée dans le pied du cheval,
forme ce qu'on appelle une *retraite* qu'il eft
néceffaire de chaffer avec le repouffoir, ou de
retirer d'une manière quelconque. Le plus
grand inconvénient qui en arriveroit ne feroit
pas de gâter & d'ébrécher le boutoir, mais
de détourner la nouvelle lame & de la déterminer contre le vif ou dans le vif ; alors
l'animal boiteroit, le pied feroit ferré, ou il
en réfulteroit une plaie compliquée.

Dès que le fer eft enlevé, l'artifte ayant
eu la précaution de mettre les clous & les
lames dans une des poches du tablier, nétoie
le pied de toutes les ordures qui peuvent
fouftraire à fes yeux la fole, la fourchette &
le bas des quartiers, & c'eft ce qu'il fait en
partie avec le brochoir, & en partie avec
le

le rogne-pied. Il s'arme ensuite du boutoir
pour parer le pied, c'est-à-dire, pour couper
l'ongle; il tient cet instrument très-ferme dans
sa main droite, il en appuie le manche contre
son corps, & maintient continuellement cet
appui, qui non-seulement lui donne la force
nécessaire pour faire à l'ongle tous les retranchemens convenables, mais une sûreté dans la
main qui obvie à l'accident assez fréquent d'atteindre & de couper les muscles de l'avant-bras
de l'animal, & même la main du palefrenier.

Un des défauts des plus fréquens dans l'action
de parer, vient du plus de difficulté que l'on
a dans le maniement du boutoir, quand il est
question de retrancher du quartier de dehors
du pied du montoir, & du quartier de dedans du pied hors du montoir; aussi voit-on
fréquemment ces quartiers plus hauts que les
autres, & rencontre-t-on par cette raison un
nombre infini de pieds de travers, difformité
qu'il seroit aisé de prévenir, dès que la cause en
est dûe à la paresse de l'opérateur. Après qu'il
a paré le pied, il importe qu'il l'examine dans
son repos sur le sol, à l'effet de s'assurer que,
relativement à cette disproportion dans la hauteur de ces mêmes quartiers, il n'est pas tombé
dans l'erreur commune.

G

L'aide lèvera enfuite de nouveau le pied, & l'artifte préfentera fur cette partie le fer légèrement chauffé; il ne l'y laiffera pas trop long-temps, à l'exemple de ceux qui, confumant par ce moyen l'ongle, pour s'épargner la peine de le parer, affament fans confidération tous les pieds qu'on leur confie : il fe hâtera de plus, dès qu'il l'aura retiré, d'enlever la portion de ce même ongle fur laquelle la chaleur du fer fe fera imprimée; il ofbervera que ce fer doit porter juftement partout ; s'il vacilloit, la marche de l'animal ne pourroit être fûre, les lames brochées feroient bientôt ébranlées par le mouvement que recevroit à chaque pas un fer qui n'appuyeroit pas également, & fi, d'un autre côté, fon appui avoit lieu trop fortement fur la fole *, l'animal en fouffriroit affez, ou pour boiter tout bas, ou du moins pour feindre. La preuve que le fer n'a pas porté fur une partie, fe tire de l'infpection du fer même qui fe trouve dans la portion fur laquelle l'appui n'a pas été fixé, plus liffe, plus brillant & plus

---

* Il eft néanmoins des cas où la fole doit être contrainte, mais nous ne traçons ici que des règles générales, & nous ne parlons que de la manœuvre & non des exceptions & des principes.

uni que dans toutes les autres. Lorsque nous disons au surplus que le fer doit porter également par-tout, nous prétendons que son appui doit avoir lieu dans toute la rondeur du sabot, sans en excepter les talons, qu'on croit ordinairement & très-mal-à-propos, ménager en en éloignant le fer depuis la première étampure en dedans & en talon, jusqu'au bout de l'éponge, ce qui écrase ces parties, bien loin de les conserver.

Dès que l'appui du fer est tel qu'on le peut exiger, l'artiste doit l'assujettir: il brochera d'abord deux clous, un de chaque côté; après quoi, le pied étant à terre, il examinera si le fer est dans une juste position, & il fera ensuite reprendre le pied par l'aide, pour achever de brocher. Les lames doivent être déliées & proportionnées à l'épaisseur de l'ongle; il faut bannir, tant à l'égard des chevaux de légère taille, que par rapport aux chevaux plus épais, celles qui par leur volume & par les ouvertures énormes qu'elles font, détruisent la corne & peuvent encore presser le vif & le serrer. L'artiste brochera d'abord à petits coups, en maintenant avec le pouce & l'index de la main gauche, la lame sur laquelle il frappera & dont l'affilure doit être droite & courte:

quand elle aura fait un certain chemin dans l'ongle, & qu'il pourra reconnoître le lieu de fa fortie, il coulera fa main droite vers le bout du manche du brochoir, & foutenant la lame avec un des côtés du manche de la triquoife, il la chaffera hardiment jufqu'à ce qu'elle ait entièrement pénétré.

Il eft ici plufieurs chofes à obferver : on aura attention en premier lieu, que la lame ne foit point coudée, c'eft-à-dire, qu'elle n'ait point fléchi enfuite d'un coup de brochoir donné à faux, la coudure eft alors extérieure & s'aperçoit aifément, ou conféquemment à une réfiftance trop forte que la lame aura rencontré & qu'elle n'aura pu vaincre; fouvent en pareil cas, la coudure eft intérieure, & ne peut être foupçonnée ou aperçue que par la claudication de l'animal; cependant un artifte expérimenté & foigneux, reconnoît fur le champ ce qui lui arrive par la réaction différente du brochoir dans fa main en femblable occafion.

2.° On prendra garde à ne point caffer cette même lame dans le pied en retirant ou en pouffant le clou; il faut l'extraire fur le champ, ainfi que les pailles ou les brins qui peuvent s'être féparés de la lame même, &

chaffer, s'il fe peut, la retraite avec le repouffoir, qui eft l'inftrument dont on doit faire,
ainfi que nous l'avons dit, ufage à cet effet.

3.° On ne brochera ni trop haut ni trop
bas, mais en bonne corne ; brocher trop haut,
c'eft rifquer de ferrer, de piquer; brocher trop
bas, c'eft s'expofer à ne point fixer folidement
le fer & à occafionner le délabrement du pied.

4.° On fe fouviendra que le quartier de
dedans demande, attendu fa foibleffe naturelle,
une brochure un peu plus baffe que celui de
dehors.

5.° Les lames feront chaffées de façon
qu'elles ne pénètreront point de côté, & que
leur fortie répondra aux étampures.

6.° Elles règneront autour des parois du
fabot, les rivets fe trouvant tous à peu près
à une même hauteur.

Chaque lame étant brochée & l'affilure
étant relevée, l'artifte, par un coup de brochoir adreffé fur la tête de chaque clou,
achèvera de la faire pénétrer fermement dans
l'ongle, ayant la précaution d'affurer & de
foutenir fes coups en plaçant les triquoifes en
deffous près du fer, ou de la partie qui doit
former les rivets, felon le plus ou le moins
de délicateffe & de fenfibilité du pied. Il

G iij

coupera & rompra enfuite avec ces mêmes triquoifes, le plus près de l'ongle qu'il lui fera poffible, les affilures qui ont été pliées & qui excèdent les parois du fabot. Il aura foin, auffi-tôt après, de couper avec le rogne-pied toute la portion de l'ongle qui pourroit excéder & dépaffer le fer; il frappera dans cette intention modérément & à petits coups de brochoir, fur ce même rogne - pied, en obfervant de prendre l'ongle dans le vrai fens; il enlèvera en même temps, avec le coin tranchant de ce même outil, une légère partie de la corné aux environs de la fortie de chaque lame, pour y former la place des rivets.

L'artifte rive, en frappant d'une part fur la tête des clous, & en en foulevant de l'autre la pointe avec les triquoifes qu'il tient près de cette pointe, à mefure des coups adreffés fur la tête; il les dirige enfuite, mais avec bien moins de force, fur les pointes qu'il s'agit d'inférer & de noyer dans l'ongle: pour s'affurer & maintenir les lames, dont la tête pourroit s'élever alors & s'éloigner de l'étampure, il oppofe les triquoifes, en les plaçant fucceffivement fur chaque caboche, comme il les oppofoit fucceffivement près de chaque pointe, quand il frappoit fur les têtes;

il les frappe encore de nouveau en oppofant pareillement les triquoifes fur les rivets, & il termine enfin fon opération en rabattant à coups légers les pinçons, s'il y en a, & en uniffant avec la râpe toute la circonférence du fabot, le pied de l'animal étant à terre.

DES BEAUTÉS
& des difformités du pied du cheval confidéré extérieurement.*

XIII.

L'ONGLE, le fabot, le pied, font dès termes fynonymes: nous croyons pouvoir nous difpenfer ici de rappeler la divifion que l'on en a faite en pince, en talon, en quartiers, & de définir ce qu'on entend par ces parties, ainfi que par celles qui font connues fous les dénominations de *couronne*, de *fole* & de *fourchette*.

La maffe totale de cette portion de l'animal, fixe d'abord les premiers regards que l'on jette fur elle: un volume juftement proportionné, une forme régulière, une confiftance folide & néanmoins douée de foupleffe, un tiffu liffe

* Voyez la première partie de la conformation extérieure du cheval, *art. 38.*

G iiij

& uni, font en général les qualités que l'on y recherche & qu'elle doit préfenter.

Son volume n'eft proportionné qu'autant qu'elle répond aux parties dont elle eft une fuite & qu'elle termine.

Suppofons un cheval de la taille de cinq pieds, en qui les membres & toutes les pièces articulées qui les complettent, feroient dans le rapport le plus parfait; l'affiette ou la partie de l'ongle des extrémités antérieures qui portera fur le fol, aura quatre pouces cinq lignes dans fa plus grande largeur *(a)*, & cinq pouces deux lignes dans fa plus grande longueur *(b)*, à partir d'une ligne qui, appuyée fur l'un & l'autre talon, traverferoit le vide de la bifurcation de la fourchette.

(a) Quatre pouces deux lignes dans le cheval de dix pouces, quatre pouces une ligne dans le cheval de huit pouces, trois pouces onze lignes dans le cheval de fix pouces, *idem*, à peu de chofe près, dans le cheval de quatre pouces, trois pouces huit lignes dans le cheval de deux pouces, trois pouces dans le cheval de quatre pieds.

(b) Quatre pouces onze lignes dans le cheval de dix pouces, quatre pouces dix lignes dans le cheval de huit, quatre pouces fept lignes dans le cheval de fix, quatre pouces quatre lignes dans le cheval de quatre, *idem*, à peu de chofe près, dans le cheval de deux, quatre pouces une ligne dans le cheval de quatre pieds.

La couronne aura quatre pouces d'un côté à l'autre, au plus faillant, & une même diſtance de ſa partie antérieure à la partie la plus faillante du talon *(c)*.

La hauteur verticale de ce même ſabot ſera de deux pouces deux lignes *(d)*, meſurée du milieu de la partie antérieure & la plus élevée de la couronne juſqu'au ſol, mais cette éléva-vation ſe réduira aux quartiers à un pouce ſept lignes & demi *(e)*, ſi on la prend au droit du milieu de la couronne, entre le talon & la partie antérieure de cette première partie, &

(c) Trois pouces dix lignes dans le cheval de dix pouces, trois pouces neuf lignes dans le cheval de huit, trois pouces ſept lignes dans le cheval de ſix, trois pouces quatre lignes dans le cheval de quatre, *idem*, à peu de choſe près, dans le cheval de deux, trois pouces deux lignes dans le cheval de quatre pieds.

(d) Deux pouces un peu plus dans le cheval de dix pouces, deux pouces à peu-près dans le cheval de huit, deux pouces un peu moins dans le cheval de ſix, un pouce neuf lignes un peu plus dans le cheval de quatre, *idem*, à peu de choſe près, dans le cheval de deux, un pouce huit lignes dans le cheval de quatre pieds.

(e) Un pouce ſix lignes un peu plus dans le cheval de dix pouces, un pouce ſix lignes à peu-près dans le cheval de huit, un pouce cinq lignes dans le cheval de ſix, un pouce quatre lignes dans le cheval de quatre, *idem*, à peu de choſe près, dans le cheval de deux, un pouce trois lignes dans le cheval de quatre pieds.

elle n'aura plus en talons ou dans la dernière que huit lignes *(f)*.

L'inclinaison du contour antérieur, vu de profil, sera telle que, si on la prolongeoit sur le terrein, on trouveroit un pouce onze lignes de longueur *(g)* entre l'à-plomb du sommet de la couronne & le point où atteindroit sur le sol l'extrémité de la pince, au moyen de cette prolongation : ce contour doit s'approcher ensuite insensiblement & de plus en plus de la verticale, de manière à n'être incliné au droit du milieu de l'assiette, vue latéralement, que de quatre lignes *(h)*, & à perdre toujours imperceptiblement jusqu'à

(f) Sept lignes deux tiers dans le cheval de dix pouces, sept lignes & demie dans le cheval de huit, sept lignes un sixième dans le cheval de six, six lignes trois quarts dans le cheval de quatre, six lignes deux tiers dans le cheval de deux, six lignes un tiers dans le cheval de quatre pieds.

(g) Un pouce dix lignes un peu plus dans le cheval de dix pouces, un pouce neuf lignes un peu plus dans le cheval de huit, un pouce huit lignes un peu plus dans le cheval de six, un pouce sept lignes un peu plus dans le cheval de quatre, un pouce sept lignes environ dans le cheval de deux, un pouce six lignes & plus dans le cheval de quatre pieds.

(h) Quatre lignes peu moins dans le cheval de dix pouces, & ainsi en diminuant insensiblement jusqu'à trois lignes & un sixième de ligne dans le cheval de quatre pieds.

environ quinze lignes de l'extrémité des talons,
où il devient vertical, & de-là s'incline en
arrière à tel point, qu'au droit des talons,
l'à-plomb du contour de la couronne dépaſſe
de ſix lignes *(i)* le point d'appui du talon ſur
le ſol.

Ces meſures géométrales, c'eſt-à-dire,
priſes entre des parallèles, ne ſe rapporteront
pas abſolument au ſabot des extrémités poſté-
rieures; il eſt des différences à obſerver, 1.°
la largeur de l'aſſiette, meſurée comme dans
l'ongle de l'extrémité antérieure, aura quatre
pouces & demi *(k)* au lieu de quatre pouces
cinq lignes, & ſa longueur ſera de cinq pouces
ſix lignes *(l)*; 2.° les dimenſions de la couronne, d'un côté à l'autre, ſeront les mêmes;

(i) Cinq lignes trois quarts dans le cheval de dix
pouces, & toujours en diminuant; de manière que
dans le cheval de quatre pieds, cette meſure ſe trouve
réduite à quatre lignes trois quarts.

(k) Quatre pouces quatre lignes un peu moins
dans le cheval de dix pouces, quatre pouces deux
lignes un peu plus dans le cheval de huit, quatre
pouces un peu plus dans le cheval de ſix, trois pouces
neuf lignes un peu plus dans le cheval de quatre, trois
pouces neuf lignes dans le cheval de deux, trois pouces
ſix lignes & plus dans le cheval de quatre pieds.

(l) Cinq pouces trois lignes un peu plus dans le
cheval de dix pouces, cinq pouces une ligne un
peu plus dans le cheval de huit, quatre pouces onze

à celle de l'ongle antérieur en cet endroit; mais de sa partie antérieure à la ligne la plus saillante du talon, elle aura huit lignes de plus *(m)*; 3.° la hauteur verticale aura deux pouces & demi *(n)*; dans les quartiers elle sera réduite à un pouce neuf lignes *(o)*, tandis qu'en talon elle sera parfaitement égale en élévation

lignes un peu plus dans le cheval de six, quatre pouces sept lignes un peu plus dans le cheval de quatre, quatre pouces sept lignes dans le cheval de deux, quatre pouces quatre lignes un peu plus dans le cheval de quatre pieds.

(m) Quatre pouces cinq lignes & plus dans le cheval de dix pouces, quatre pouces quatre lignes & demie dans le cheval de huit, quatre pouces deux lignes & plus dans le cheval de six, trois pouces onze lignes & plus dans le cheval de quatre, trois pouces dix lignes & plus dans le cheval de deux, trois pouces neuf lignes & plus dans le cheval de quatre pieds.

(n) Deux pouces cinq lignes peu moins dans le cheval de dix pouces, deux pouces quatre lignes très-peu plus dans le cheval de huit, deux pouces deux lignes un peu plus dans le cheval de six, deux pouces une ligne un peu plus dans le cheval de quatre, deux pouces une ligne dans le cheval de deux, un pouce onze lignes dans le cheval de quatre pieds.

(o) Un pouce huit lignes & plus dans le cheval de dix pouces, un pouce sept lignes & plus dans le cheval de huit, un pouce sept lignes peu moins dans le cheval de six, un pouce six lignes & plus dans le cheval de quatre, un pouce cinq lignes & demie dans le cheval de deux, un pouce quatre lignes & plus dans le cheval de quatre pieds.

4.° enfin l'inclinaison du contour antérieur, vu de profil & prolongée comme dans le pied de devant, sera de deux pouces de longueur *(p)* entre l'à-plomb du sommet de la couronne & le point que nous avons désigné sur le terrein.

Quoi qu'il en soit, la connoissance de ces proportions assez rigoureusement assignées, non sur un ongle qui n'ayant jamais porté de fer auroit éprouvé de la part du sol des atteintes qui en auroient inévitablement altéré la forme & les mesures naturelles, mais sur un pied vraiment beau & paré comme il doit l'être quand il est ferré selon l'art, peut nous donner les plus grandes lumières; elle nous servira dès-à-présent de guide dans l'examen auquel nous nous voyons obligés.

(p) Un pouce onze lignes dans le cheval de dix pouces, un pouce dix lignes & demie dans le cheval de huit, un pouce neuf lignes & demie dans le cheval de six, un pouce neuf lignes un peu plus dans le cheval de quatre, un pouce huit lignes dans le cheval de deux, un pouce sept lignes dans le cheval de quatre pieds.

Nota. Que dans les unes & les autres des mesures relatives, écrites dans ces notes, nous n'avons pas cru devoir, en supposant la nature même la plus parfaite, parler des fractions résultantes des calculs, le plus ou le moins pouvant être arbitré, sans inconvénient, à une demi-ligne.

L'ongle excède-t-il ces dimensions ou ne les atteint-il pas, il est également défectueux? une amplitude plus ou moins vaste, mais toujours très-commune dans les chevaux lourds, mous & foibles, est une marque de sa délicatesse, de sa trop grande sensibilité, de sa propension à s'échauffer bientôt sur le sol, & rarement peut-on y adapter des fers d'une manière vraiment solide; d'ailleurs cette partie rend pénible, par son propre poids, la marche de l'animal déja naturellement débile, il bute, il bronche, il se lasse aisément, & le moindre travail le fatigant, pour peu qu'il soit exercé, la ruine de ses membres ne peut être que prochaine: un ongle trop peu volumineux au contraire est aride, sec & cassant, & le plus souvent aussi, par son inflexibilité, par sa dureté, & sur-tout par son rapprochement des parties molles auxquelles il devroit servir de défense, il occasionne en elles, en les comprimant, une douleur plus ou moins vive: s'il n'a pas la hauteur & la longueur requises, son appui n'ayant lieu que sur une très-légère portion, ou sur une très-petite quantité de points du sol, la machine élevée sur quatre colonnes, dont la base alors est très-étroite, n'a que très-peu de stabilité, & s'il n'est pas en ce cas exposé à des éclats, à des fissures, comme il l'est assez ordinairement, les corps durs sur lesquels il portera, lui feront éprouver une douloureuse sensation.

C'est aux vices de sa consistance que l'on doit rapporter les uns & les autres de ces défauts: la mollesse, la laxité de ses vaisseaux & de ses fibres, donnent lieu à l'excès de son volume, comme sa petitesse est le résultat assez constant de leur régidité & de l'intimité de leur union; dans le premier cas aussi il y a assez communément évasement du sabot & irrégularité dans la forme qui, selon celle de l'os du pied, devroit tracer aux yeux un ovale postérieurement tronqué & approchant antérieurement du rond. Outre le danger qu'il y a de piquer, de serrer, d'enclouer ces sortes de pieds, très-improprement appelés *pieds gras,* & qu'il conviendroit de nommer plutôt *pieds mous,* il est certain que dès les premiers momens l'application de nouveaux fers les étonne toujours. Dans le second cas encore, souvent le pied est *dérobé,* c'est-à-dire, que les lames les plus tenues y font des brèches plus ou moins fortes, principalement à l'endroit des rivures, ainsi que nous venons de l'observer, & si, d'une part, on *étampe plus gras,* pour affermir le fer, d'un autre côté on court le plus grand rifque de donner atteinte aux parties molles.

Le tiffu de l'ongle dans des *pieds mous,* paroît extérieurement &, attendu fa lâcheté, uni, liant & plein de vie, auffi fe laiffe-t-on affez fouvent féduire par ce dehors trompeur. Il n'en eft pas de même d'un nombre de défauts bien apparens dans une infinité d'autres pieds, tels font, par exemple, les afpérités qu'on y remarque quelquefois, les cercles qui ceignent cette partie & qui occafionnent la claudication de l'animal, s'ils s'étendent au dedans comme au dehors; fa retraction, fon rétréciffement, fon defféchement, qui en altèrent toujours la figure, les fentes que l'on a nommées *foies* ou *pieds de bœuf,* &c. &c.

Quoi qu'il en foit, fi de cette maffe totale, envifagée avec la rapidité dont eft fufceptible le regard d'un homme accoutumé à voir & à juger, on veut paffer aux détails & à l'examen de fes parties; on pourra d'abord en confidérer les *quartiers.*

Nous en avons fixé la hauteur à celle d'un pouce fept lignes & demi, mais cette élévation doit être la même dans l'un & dans l'autre, quoique celui de dedans foit naturellement plus

plus foible, autrement l'affiette fe trouvant inclinée d'un côté ou d'autre, le quartier le plus haut feroit le feul chargé du poids, les articulations fe trouveroient fauffées, & l'animal n'auroit aucune fermeté fur le fol : ce défaut néanmoins n'eft que trop commun, fur-tout dans les chevaux qui ont des jambes de veau, qui font panards, cagneux, &c. &c. on pour-roit même dire qu'il eft général, car on obferve dans prefque tous les pieds une inégalité fen-fible, le *quartier de dehors* du pied du mon-toir, & le *quartier de dedans* du pied hors du montoir, ayant toujours plus d'élévation, le premier que le *quartier de dedans*, le fe-cond que le *quartier de dehors*, qui leur ré-pondent ; le tout ainfi que nous l'avons re-marqué *(art. XII)*, attendu la pareffe de l'artifte : cette difproportion n'a pas auffi tou-jours pour caufe, d'une part, la brièveté, ou de l'autre, l'exceffive élévation d'un *quartier;* la direction de tout ongle aride & fec, tend naturellement au refferrement & à un rejet en dedans, comme il eft dans la Nature qu'un ongle mou & de la plus médiocre confiftance, cède à la moindre impulfion & au plus léger effort qui peut le déterminer à forjeter ou à le propager en dehors : or fi l'un des *quartiers*

H

fuit l'un de ces fens, s'il rentre ou s'il s'évafe; tandis que l'autre tombe verticalement & à-plomb fur le terrein, celui-ci certainement paroîtra avoir plus de hauteur, quoiqu'il n'en aura pas réellement davantage, & l'effet fera le même que celui d'une inégalité véritable qui naîtroit de fon prolongement: du refte, on fait que toute divifion de l'ongle aux *quartiers*, à compter de la *couronne*, eft une feyme, cette maladie de l'ongle attaquant plus communément le *quartier de dedans* que l'autre.

S'il y a excès ou diminution dans les proportions que nous avons affignées à la *couronne*, c'eft-à-dire, à cette partie qui doit juftement accompagner la rondeur du fabot à fa naiffance, le défaut eft d'autant plus con-fidérable que dans l'une ou l'autre de ces circonftances, non-feulement on doit redouter le deff* échement du pied, mais une infinité de maux qui peuvent mettre dans la fuite l'animal hors de tout fervice.

En ce qui concerne les *talons*, nous ren-voyons à la mefure que nous en avons donnée, telle doit en être la hauteur : il faut encore qu'ils foient fermes, ouverts & égaux; dans ceux qui font trop bas, la *fourchette* eft le

plus souvent molle & trop volumineuse, &
ce corps s'offensant de la dureté & de l'irrégularité du terrein sur lequel il repose, le
cheval assez communément souffre & boite:
c'est à l'amplitude de cette même *fourchette*
que l'on peut distinguer, si le défaut d'élévation des parties dont il s'agit, défaut plus
considérable dans les chevaux long-jointés que
dans les chevaux dont les parties des membres
sont dans un juste rapport, est dû à la Nature,
ou si l'on peut en accuser la main de l'ouvrier, car
des *talons* trop abattus semblent ne différer en
rien de ce qu'on appelle *talons* bas. Des *talons*
trop hauts, mais foibles & si flexibles que la
pression la plus légère suffit à leur rapprochement, sont un présage de leur resserrement &
de l'encastelure, soit que leur flexibilité résulte
de la nature de l'ongle, soit qu'elle puisse être
regardée comme accidentelle ou acquise, c'est-
à-dire, soit qu'elle ait pour cause la diminution
de la force & du volume de la *fourchette*,
conséquemment à quelques maladies, ou soit
que l'artiste ait détruit mal-adroitement & mal-
à-propos lui-même, avec le boutoir, la portion
qui, située entr'elle & eux, les contenoit &
s'opposoit à leur rejet en dedans. Nous voyons
encore que le trop d'élévation de ces parties

non refferrées ; mais affez larges & ayant affez de confiftance pour demeurer ouvertes, donnent ordinairement lieu à la foibleffe du pied en *pince*, & que dans tous les cas elle ajoute encore beaucoup au défaut qui naît des articulations trop courtes, de la direction trop droite des membres, & du vice des chevaux boutés, arqués ou braffricourts, &c. &c. Auffi eft-on étonné, avec raifon, que dans la commune pratique les pieds les mieux conformés foient traités de manière qu'on ménage une hauteur exceffive en *talons*, bien loin de les abattre dans une proportion relative à la fituation du genou, du boulet & de la *couronne*, ce qui, joint au violent travail, hâte bientôt & précipite la ruine des chevaux. Du refte, la brièveté d'un feul *talon*, fa propenfion à rentrer, font toujours des vices auxquels il importe de remédier, & qui font très-ordinaires dans les chevaux fins, dont l'ongle aride a befoin d'être fans ceffe humecté & ramolli d'une manière quelconque. Nous dirons enfin, que fi la longueur demefurée du pied provient de l'alongement des *talons*, la *couronne* ne dépaffant point ou ne dépaffant que très-peu le point de leur appui fur le fol, cette défectuofité eft non-feulement contraire à la forme naturelle &

belle du fabot, mais elle annonce encore que
l'animal est disposé à l'encastelure.

La *sole*, c'est-à-dire, la portion de l'ongle
qui tapisse en plus grande partie & qui clôt
avec la fourchette le fabot inférieurement,
doit avoir nécessairement de la force & de la
solidité pour résister, sans dommage & sans
douleur, à la dureté & à l'asperité des corps
sur lesquels l'animal marche. Quand elle est
baveuse, molle & tuméfiée, selon les causes de
ce défaut de consistance, quelquefois elle peut
être rappelée à la densité qu'elle doit avoir,
mais le plus communément l'ongle est toujours
foible, mal conformé, plat ou comble. Le
pied est plat quand sa face inférieure ne présente qu'une très-légère concavité : il est comble
quand elle n'en présente point, & que la *sole*
est de niveau à la portion inférieure des *quar-*
tiers, & même en surmonte ensuite la superficie ; bientôt, dans l'animal atteint de ce
dernier défaut, le poids qui chargeoit d'abord
en même temps, & les *quartiers* & la *sole*,
ne porte plus que sur cette dernière partie ; les
talons se resserrent toujours de plus en plus,
l'ongle est inégal, écailleux, difforme, &c.
A l'égard des pieds plats, qui dégénèrent souvent en pieds combles, leur largeur, leur trop

d'étendue, l'élargiſſement des *talons* du côté des quartiers, le volume énorme de la fourchette qui touche & atteint le ſol, les décèlent & les caractériſent. Il en eſt néanmoins dont les *talons* n'ont point ce défaut, & dont l'ongle, au contraire, ſe propageant en pince, intercepte en quelque ſorte le rond qu'il devroit ſuivre en cet endroit; tel eſt un des effets de la fourbure, lorſqu'elle a atteint les pieds; les autres ſont le reſſerrement ou la rentrée de l'ongle en lui-même, les cercles qui ſe montrent antérieurement au milieu du ſabot, l'appui continuel ſur le *talon*, de la part du cheval qui marche, la vouſſure de la *ſole* en dehors, en forme de croiſſant, ou ſa pouſſée dans une portion de ſon étendue, en forme d'oignon, &c. &c. On doit comprendre au ſurplus que tout pied plat & comble, eſt plus ſuſceptible que les autres de contuſions, de foulures, de bleymes foulées, &c. &c. comme tout pied aride, cerclé, encaſtelé, eſt très-ſujet aux bleymes ſèches.

Enfin, la *fourchette* doit être proportionnée au ſabot : toute *fourchette* trop ou trop peu nourrie, annonce toujours un pied défectueux : ſa diſproportion en maigreur eſt le partage d'un ongle trop ſec, & ſa diſproportion en volume exifte communément dans les *talons* trop bas, &c. &c.

DE LA COMPOSITION,

du mécanifme, des loix de la nutrition, de l'accroiffement & de la reproduction de l'ongle.

XIV.

LE fabot détaché & féparé par la voie de la macération, ou par un procédé quelconque de toutes les parties qu'il recèle, préfente une forte de boîte ouverte poftérieurement & fupérieurement : cette boîte, arrondie un peu plus fur le devant que fur les côtés, eft une tranche oblique d'un cône très-alongé, plus ou moins élevée, ainfi qu'on vient de le voir, felon la grandeur de l'animal, la coupe fupérieure ayant beaucoup moins d'obliquité que l'inférieure, qui conflitue ce que nous avons nommé le *deffous du pied :* ce cône eft néanmoins irrégulier en ce que les parties poftérieures fe trouvent féparées par une profonde échancrure, & ramenées l'une & l'autre en rond contre le centre du pied pour former les *talons* folides & le vide de la *fourchette.*

L'épaiſſeur de la paroi de cette boîte n'eſt pas la même dans toute ſon étendue; elle eſt plus conſidérable antérieurement; elle diminue enſuite par gradation juſqu'à ſon arrivée aux *talons*; elle eſt beaucoup plus foible au bord ſupérieur ou à la *couronne*. La partie latérale formant le *quartier de dedans* eſt plus mince que celle qui forme le *quartier de dehors*, & l'épaiſſeur augmente enfin en général au bord inférieur du pied. Quant à la conſiſtance, elle ſuit aſſez exactement le degré d'épaiſſeur, l'ongle étant toujours plus dur aux endroits où il eſt plus épais; il eſt très-ſec & très-compact au dehors : on y remarque des fibres longitudinales, parallèles entr'elles & très-ſerrées, mais cette denſité diminue par degrés inſenſibles, & s'évanouit totalement à la face interne de cette même paroi, car cette face eſt abſolument molle.

La *fourchette* & la *ſole* achèvent la clôture de la boîte; ces parties ſont de même nature que le ſabot, la conſiſtance de la *ſole* n'étant pas cependant auſſi dure que celle de la paroi, & celle de la *fourchette* étant moins compacte que celle de la *ſole*.

En examinant la face interne de la paroi de ce même ſabot macéré & détaché, ſi l'on considère le bord supérieur de l'ongle, on le voit extrêmement mince dès son origine; il présente ensuite une sorte de biseau, après lequel il se trouve avoir la même épaisseur observée dans la paroi, ce même bord, jusqu'à la terminaison du biseau, étant criblé dans toute sa surface d'une multitude de porosités par où pénètrent les vaisseaux. La surface du reste de la paroi dans toute sa circonférence, depuis ce même biseau jusqu'à la commissure de la *sole* solide avec le sabot, montre une multitude de feuillets, parallèles entr'eux dans le même degré d'obliquité que le sabot sur sa base, & formés par des fibres réfléchies & rangées les unes sur les autres à peu-près comme les brins de la barbe d'une plume.

On aperçoit encore ces feuillets à la face interne des portions arrondies & ramenées vers le centre du pied, mais leur direction change : ils tendent au centre que l'on pourroit supposer à chacune de ces parties arrondies pour loger les *talons*; le surplus de la *sole* solide dont le principe est à ces mêmes parties arrondies, n'offre jusqu'à sa commissure avec le sabot, qu'une surface lisse, réticulaire, garnie de porosités & très-convexe, mais renfoncée dans le milieu pour loger le corps pyramidal que nous examinerons dans peu, & dont la pointe répondroit au centre du pied, tandis que la bafe occuperoit l'efpace qui eft entre les deux *talons*, la partie renfoncée fe relevant poftérieurement de fon milieu pour former l'échancrure que nous avons obfervée à la face externe, inférieure & poftérieure de l'ongle, & pour divifer en deux la bafe du corps pyramidal qui recevra cette éminence, comme il fera lui-même reçu dans le renfoncement dont nous venons de parler.

La maffe du pied, fortie de cette boîte, préfente divers objets qu'il importe de confidérer.

Le premier qui nous frappe eft un bourlet formant la portion fupérieure de cette partie, & qui remplit exactement l'évafement réfultant du bifeau qui fe trouve à l'orifice fupérieur de la boîte ou du fabot, la portion inférieure de ce bourlet offrant une multitude de vaiffeaux évidemment fortis des pores remarqués à toute la fuperficie de ce même bifeau, & au-deffus de ces vaiffeaux une forte de frange formée par autant de dilacérations de la furface de ce bourlet, lors de fa féparation du bord fupérieur de l'ongle.

Le fecond objet à envifager, réfide dans une

multitude de feuillets, qui commencent immédiatement où finit le bourlet ; ces feuillets, en même nombre & femblables à ceux qui dans la paroi commencent où finit le bifeau, fi ce n'eft qu'ils font plus lâches, règnent de même parallèlement entr'eux, & defcendent le long de l'os du pied jufqu'à fon bord inférieur, en adhérant fortement au tiffu qui recouvre cet os. Dans l'état naturel ils font engrénés dans les fillons de la face interne de la paroi de la boîte, n'y ayant entre ceux-ci aucun intervalle qui ne foit rempli par un des feuillets dont nous parlons.

De même que les feuillets obfervés dans la face interne de cette même boîte, n'outre-paffent pas fous cette forme la commiffure de la *fole* folide avec le fabot, les feuillets qui tapiffent l'os du pied n'outre-paffent pas fon bord inférieur ; ils difparoiffent ou s'évanouiffent, & leur fubftance fe propage fous la partie inférieure de ce même os, fous la même forme réticulaire que celle qui revêt la face interne de la *fole* folide ; il en réfulte ce que nous appelons la *fole* charnue.

C'eft poftérieurement à cette même partie que l'on voit le corps pyramidal, qui n'eft autre chofe que la *fourchette* molle ou la partie reçue dans l'enfoncement, dont nous avons fait mention en examinant la *fourchette* solide, ce corps étant la continuation & la réunion des *talons*, séparés postérieurement par la partie relevée que nous avons remarquée lors de ce même examen, & qui est préposée pour être reçue dans l'échancrure de ce même corps pyramidal à sa base; il est recouvert de la même substance réticulaire qui constitue la *sole:* si l'on dépouille de cette substance la partie postérieure du pied, on découvre un tissu folliculeux, ligamenteux, dense, blanchâtre, qu'il n'est pas aisé de déchirer, de couper & de séparer des autres parties, il est à peu-près pareil à celui qui, dans le corps humain, est à toute la face inférieure du pied entre la peau & l'aponévrose plantaire; il adhère fortement de chaque côté à des cartilages & à la gaine du tendon fléchisseur; c'est ce même tissu qui compose les *talons*, & dont le prolongement en pointe pyramidale, jusqu'au centre du pied où il devient compact, compose la *fourchette*.

L'enlèvement de ce tissu en entier exposé aux yeux latéralement des cartilages, des ligamens, & postérieurement l'extrémité du tendon fléchisseur.

Les cartilages, un de chaque côté, font placés aux parties latérales & poftérieures de l'articulation de l'os du pied & de l'os de la *couronne* qu'ils recouvrent latéralement; ils font comme un appendice du premier de ces os; on peut les regarder néanmoins comme deux corps aplatis, ayant deux faces & deux bords, la face externe avoifinant le fabot, la face interne, l'articulation, & l'une & l'autre étant garnies du tiffu qui compofe les *talons,* & dont ils forment eux-mêmes une partie: en ce qui concerne les bords, l'inférieur eft conftamment uni à l'os du pied, le fupérieur furpaffe de quelques lignes les bords poftérieur & fupérieur du fabot; ces deux cartilages font au furplus beaucoup plus épais dans leur milieu que dans le refte de leur étendue, & ce milieu en conftitue proprement le corps; on les trouve affez fréquemment offifiés & plutôt dans les vieux chevaux que dans les jeunes; ils maintiennent les *quartiers* dans un éloignement convenable, les *talons* en font moins difpofés à fe refferrer & le derrière du pied en eft plus ample; ils empêchent, vu leur fituation, qu'aucune partie ne foit froiffée dans les mouvemens fréquens de l'articulation fur laquelle ils fe trouvent; ils fortifient toutes les parties en talon & contribuent à leur forme, ils font comme des efpèces d'arc-boutant aidant à l'os du pied à foutenir le poids & le fardeau de la maffe, leur expenfion en arrière faifant qu'ils le partagent & qu'ils s'oppofent en partie à ce que le fanon ne porte directement à terre.

Parmi les ligamens, il en eft deux laté-raux qui maintiennent l'os articulaire, chacun des angles de cet os étant attaché fortement par eux à l'os du pied.

Il en eft deux autres qui le fixent par fes bords, l'un occupant entièrement le fupérieur & s'attachant dans toute cette étendue à la partie poftérieure & inférieure de l'os de la *couronne*, l'autre occupant le bord inférieur & s'attachant à la partie concave de l'os du pied; ces deux ligamens font ici l'office de ligamens capfulaires, ils empêchent l'épanchement de la liqueur fynoviale: ces connexions font telles qu'elles permettent la liberté du mouvement de toutes les parties, c'eft-à-dire, que l'os de la *couronne* peut glisser aifément fur la face antérieure de l'os articulaire, de même que l'os du pied, ces os étant à cet effet revêtus d'un cartilage liffe & poli, femblable à ceux que l'on voit dans toutes les articulations mobiles.

A l'égard de l'extrémité du tendon fléchisseur, ce tendon qui s'aplatit & qui a plus
de largeur dès qu'il est parvenu à l'articulation, se change en une aponévrose depuis ce
lieu jusqu'à son insertion, il passe sur l'os
articulaire, & on y observe une dépression,
un enfoncement causé par l'éminence mitoyenne de cet os qui s'y trouve logée ;
de-là ce tendon s'attache à l'os du pied précisément au bord inférieur de l'échancrure
postérieure, cette connexion étant très-forte
& les fibres tendineuses s'implantant profondément dans sa substance : cette solidité étoit
nécessaire pour maintenir des parties aussi
exposées que celles-là à des mouvemens violens : il est de plus sous ce tendon une humeur
synoviale qui ne diffère point de celle que
l'on rencontre dans les autres articulations ;
& qui est préposée pour adoucir son frottement
sur l'os articulaire, cette humeur ne pouvant
point du reste communiquer avec celle qui
lubréfie cet os dans son autre face, & toute
autre communication leur étant interdite au
moyen des ligamens qui en circonscrivent les
bords.

Si de cet examen de la partie postérieure de
l'articulation, on se propose de passer à la

confidération de cette articulation entière, il ne s'agit que de la dépouiller, ainfi que l'os du pied, de toutes les portions qui nous voiloient ce que nous n'en avons encore pu apercevoir; on obfervera alors:

1.° L'extrémité du tendon extenfeur, qui après avoir paffé fur l'os de la couronne & fur fon articulation avec l'os du pied, s'attache dans celui-ci à fa partie antérieure & fupérieure.

2.° Les ligamens latéraux qui affermiffent cette même articulation, s'attachent d'une part aux parties latérales de la *couronne,* & viennent fe terminer à l'os du pied en s'élargiffant fur ce même os.

3.° Le ligament capfulaire enveloppant les parties antérieures & latérales de cette même articulation.

Il faut encore confidérer les uns & les autres des os qui la forment, c'eft-à-dire, l'os de la couronne, l'os articulaire & l'os du pied; on peut recourir pour cet objet à ce que nous en avons brièvement dit dans notre *Précis hyppoftéologique,* art. 45, 46 & 47. Nous obferverons feulement ici que le fecond de ces os, par fa pofition & par fa ftructure, fait l'office de poulie & de point d'appui; en effet, d'une part, il facilite les mouvemens du tendon,

ces

ces mouvemens étant plus aisément opérés sur un corps poli, tel que cet os, & de l'autre il les fortifie en écartant le tendon de la ligne droite ou du centre. Du reste, ces trois os ensemble forment une seule & même articulation, dont les mouvemens bornés à la flexion & à l'extension, font effectués seulement par le jeu de l'os de la couronne & de l'os du pied, qui peuvent réciproquement se mouvoir l'un sur l'autre. L'os articulaire est fixe & n'est susceptible d'aucun changement dans sa position; il ne donne attache à aucun muscle; il souffre seulement le frottement des deux autres os qui roulent sur sa face interne, & qui pourroient tout au plus, dans des mouvemens violens, pousser & renverser un de ses bords, soit par haut, soit par bas, selon l'action forcée qui lui seroit imprimée par l'os du pied, ou par celui de la couronne.

Les vaisseaux principaux du pied sont dans les extrémités antérieures, en ce qui concerne les artères, une continuation de la brachiale qui, parvenue au boulet, forme les artères latérales; celles-ci descendent de chaque côté, quoiqu'un peu en arrière, le long de la partie postérieure du paturon jusqu'à la couronne, où elles se divisent en artères plantaires & en artères

I

coronaires, & fe fubdivifent dans toute la
fubftance du pied, en une multitude de rami-
fications pour l'entretien & la nourriture de
fes parties.

Les veines fuivent la même route que les
artères; arrivées à la couronne, elles fe divifent
& forment un lacis ou un réfeau admirable fur
toutes les parties antérieures & latérales.

Les nerfs qui fe diftribuent à ces extrémités
font des émanations du brachial externe &
interne.

Dans les extrémités poftérieures, ils font dûs
au nerf poplité; les artères y font une fuite de
l'artère tibiale antérieure, les veines réfultent de
la bifurcation de la veine du même nom, bifurcation qui donne les veines latérales: celles-ci
fe divifent ici comme dans les premières extrémités, elles y forment le même lacis.

Toutes les parties que nous avons envifagées
font, par leur correfpondance & par leur con-
cours, du pied de l'animal, un organe parfait.

Les os & leurs dépendances en font la
bafe, & puifqu'ils fervent à l'attache des
tendons du mufcle fléchiffeur & du mufcle
extenfeur, il s'enfuit, qu'eux feuls font mus,
mais ils entraînent néceffairement dans leur
action toutes les autres portions, vu leur

emboîtement, & la liaison qu'elles ont entr'elles & avec eux. Ce n'est pas au surplus
ici le cas de parler des moyens par lesquels
la progression est effectuée *, nous ne considérons, quant à présent, dans les usages du
pied, que celui du soutien du poids de la
machine.

Il paroîtroit d'abord que l'animal devroit
ressentir une douleur aiguë, conséquemment à
ce seul poids, sur les parties molles & inférieures qui semblent exposées à une très-
forte compression, & qui se trouvent placées
entre l'os & la sole solide : j'observe en effet
que cet os ayant contre ces mêmes parties,
non-seulement tout l'avantage du poids absolu
de l'animal, mais encore l'avantage mécanique
résultant de la forme qu'il a d'un coin posé
sur un plan incliné, on croiroit que la pince
doit en souffrir d'autant plus vivement, que
la tendance naturelle de l'os est de descendre
contr'elle, & qu'on diroit que ce coin, chassé
en apparence par cette même masse, doit être
enfoncé dans cet instant, comme pour écarter
avec son bord inférieur les parois du sabot tant

---

* Voyez les *articles 61 & 62* du Traité de la
connoissance du cheval, considéré extérieurement,
seconde partie.

I ij

inférieurement qu'antérieurement. Je remarque d'un autre côté, que lorsque la direction de la jambe est plus approchée de la verticale, la sole & les talons étant chargés & partageant le poids, devroient aussi en souffrir considérablement, mais la Nature a sûrement mis en usage des moyens capables de détourner les effets d'une pression funeste qui auroit évidemment dérangé toutes ses vues, & qui eût fait, par l'exception la plus bizarre, d'un des plus utiles animaux, le plus incomplet de ses ouvrages.

1.° Elle n'a pas placé l'os du pied dans la direction de la jambe : dès l'articulation du paturon, il est une obliquité qui continue jusqu'à ce même os articulé avec celui de la couronne, de manière que le lieu de l'articulation est totalement en arrière; or de telles directions doivent diminuer nécessairement & en grande partie l'énormité du fardeau dont la pince sembleroit devoir être accablée.

2.° Ce même os porte par l'éminence qui est à sa partie antérieure & supérieure, ainsi que par la ligne saillante qui règne autour de cette même partie, sur l'espèce de biseau que nous avons observé à la partie intérieure & supérieure de l'ongle, & qui se trouve occupé par le bourlet dont nous avons parlé, il y rencontre par conséquent un soutien qui s'oppose à ce qu'il soit déterminé plus loin & assez profondément pour offenser les portions molles contre lesquelles la masse pourroit le chasser.

3.° Non-seulement les feuillets qui, d'une part, sont à la surface intérieure du sabot, depuis ce même biseau jusqu'à la commissure de la *sole* solide, & qui, de l'autre, règnent autour de l'os du pied depuis le bourlet jusqu'à son bord inférieur, étoient nécessaires, ainsi que la *sole* molle, pour assurer l'union de l'ongle avec l'os, union qui auroit été impossible, si ces deux parties se fussent trouvées nues l'une & l'autre, mais leur engrènement est encore une des voies que nous présumons avoir été choisies par la Nature pour parer à l'oppression totale des portions inférieures. Il suffiroit en effet de la juxta - position de ces feuillets, réciproquement reçus dans les sillons résultans de leurs intervalles, pour suspendre en quelque façon l'os du pied dans la capacité du sabot, & pour résister à un poids immense.

Il est facile d'ailleurs de se convaincre de leurs effets à cet égard.

Découvrez la substance feuilletée en râpant la paroi ; pesez sur cet os, vous comprimerez légèrement la *sole,* & cette substance se repliera

sur elle-même, les feuillets formant différens
coudes, ce qu'ils n'auroient pas fait vraisem-
blablement, si vous n'eussiez altéré la paroi,
& s'ils eussent été, comme dans l'état naturel,
soutenus par l'ongle.

Livrez-vous à une autre expérience; enlevez
la moitié de cette même substance, détachez-
en entièrement la *couronne*, & pesez encore sur
l'os, tout le poids portera sensiblement dans
l'endroit des feuillets enlevés, & vous ne verrez
dans ceux qui restent ni coudes ni replis formés sur eux-mêmes.

4.° La position d'une partie des *talons* dans
les cavités postérieures de la *sole* solide, leur
appui de chaque côté contre les éminences qui
les divisent en deux, l'engrènement que l'on
remarque dès le principe des feuillets postérieurs, celui des feuillets latéraux qui répondent
non-seulement aux sillons de ceux qui sont à
la paroi du sabot, mais encore aux sillons de
ceux que l'on trouve pendant un certain espace
à la paroi extérieure de ces éminences, l'appui
de la naissance de la *fourchette* contr'elle, la
réception de celle qui est logée dans l'échancrure que lui présente ce corps pyramidal à
sa base, la réception de ce même corps dans
la cavité qui lui a été destinée, son appui par

fa pointe contre l'extrémité de cette même
cavité, enfin la concavité de l'os du pied rem-
plie par la convexité de la *fole* folide, font
autant de défenfes multipliées & fagement
oppofées aux efforts que cet os, confidéré
comme coin & follicité par le fardeau de la
machine entière, auroit inconteftablement fait
contre les parties fenfibles.

5.° En ce qui concerne ce même fardeau
plus confidérable & plus conftamment fupporté
par les *talons*, il eft évident que la fubftance
qui les forme, ainfi que la fourchette, eft
une efpèce de matelas puiffant qui, d'un tiffu
d'ailleurs moins fufceptible de fenfibilité, fauve
en cet endroit toute impreffion douloureufe,
tandis que les cartilages latéraux fe chargeant,
comme je l'ai obfervé, d'une partie de la
maffe, en diminuent néceffairement les effets;
telle eft, en un mot, la difpenfation du poids
de la machine entière fur tous les points de
la furface qui réfulteroit de toutes les parties que
nous avons décrites, qu'elle fait que chacun
de ces points fupportant une portion du total,
ce total fe trouve, pour ainfi dire, annullé &
réduit prefqu'à rien.

Mais, qu'eft-ce que le tiffu de l'ongle &
comment eft-il formé? Nous ne faurions efpérer

I iiij

ici des idées connues fur l'origine de l'ongle
humain, de véritables lumières.

Dirions-nous en effet, en nous prêtant à
l'opinion de la plus grande partie des Anato-
miftes, que le fabot eft une continuation de
l'épiderme ? Comment un corps auffi folide
pourroit-il naître de cette pellicule ? D'où rece-
vroit-il fa nourriture ? Comment fon accroiffement auroit-il lieu, puifqu'elle n'a ni vaiffeau
ni fibres régulières, & qu'on ne voit en elle
qu'un réfeau formé de l'épanouiffement des
dernières féries des vaiffeaux qui conftituent
les pores innombrables dont le tégument fe
trouve criblé ?

Avancerions-nous, à l'exemple de quelques
autres, qu'il ne doit fa naiffance qu'à la juxta-
pofition des humeurs qui fuintent de la peau,
c'eft-à-dire, à des parties excrémentitielles qui
font deffechées par le contact de l'air ? S'il en
étoit ainfi, l'ongle croîtroit par fon extrémité
& ne feroit pas conftamment pouffé comme
il l'eft, à compter de fon principe.

Le regarderons-nous enfin, avec d'autres
obfervateurs de la Nature, comme formé par
des poils unis & concrets, ou par des produc-
tions des tendons, ou comme une fuite des
houpes molles, pulpeufes, médullaires, nerveufes

renfermées dans l'épiderme, repliées entr'elles, desséchées, unies & serrées avec les vaisseaux cutanés devenus solides, &c. &c.

Au milieu de tant de contradictions, & de cette diversité d'avis, nous n'aurons garde de réclamer le secours de l'analogie, & nous nous bornerons sagement à la seule considération de l'objet qui frappe nos yeux.

Je vois d'abord à l'endroit de la *couronne* un changement subit de la peau, opéré dans l'espace d'une seule ligne, & au moyen duquel le tégument est tout-à-coup transformé en une sorte de corne molle, dont la dureté augmente à mesure de son prolongement & de son éloignement de cette partie.

Dans le dessein d'éclaircir mes doutes, je prends un pied détaché & coupé verticalement.

J'aperçois sur le champ deux couches principales, la plus extérieure comprend ce même tissu dégénéré, résultant du derme & de l'épiderme ensemble; l'intérieure fournit le bourlet qui remplit exactement le biseau.

J'examine attentivement celle-ci; j'y remarque deux plans de fibres très-distincts, le plan externe naissant des fibres intérieures, & le plan interne des fibres extérieures, conséquemment au croisement des unes & des autres fur la ligne qui trace la circonférence de la *couronne.*

Du premier de ces plans réfultent évidemment les feuillets plus lâches que nous avons vu fe propager parallèlement le long de l'os du pied jufqu'à fon bord inférieur où ils s'évanouiffent, ainfi que nous l'avons dit, les fibres de ce même plan s'entre-croifant alors & ne montrant qu'un réfeau qui livre paffage à une multitude confidérable de vaiffeaux, & dont les différentes couches forment la *fole* & la *fourchette* molles & charnues.

D'une autre part, le fecond plan ou le plan interne, donne naiffance aux autres feuillets qui depuis le bifeau, règnent fur la furface intérieure du fabot, dans toute fa circonférence, jufqu'à fa commiffure avec la *fole* folide, où ces mêmes feuillets, dont quelques-uns s'aperçoivent encore fur le revers & fur le principe des éminences bordant la cavité qui loge la *fourchette* charnue, difparoiffent auffi pour ne préfenter de nouveau qu'un ordre ou un arrangement de fibres femblables à celui qui a eu lieu dès l'origine de l'ongle : on ne trouve donc plus qu'un réfeau qui tapiffe intérieurement la *fole* & la *fourchette* folide ou de corne, & qui s'étend jufqu'à la commiffure de cette

fole avec l'ongle, où les fibres de l'une &
de l'autre, fe recroifant en partie, forment &
affurent la liaifon de ces deux portions, tandis
que les couches inférieures font dirigées parallèlement entr'elles & à celle de l'ongle, pour
former le deffous du pied.

Eu égard à la face externe ou à la portion
la plus dure du fabot, nous avons remarqué
que la couche extérieure ou le tiffu dégénéré,
réfultant du derme & de l'épiderme enfemble,
augmentoit en denfité à mefure de fon prolongement & de fon éloignement de la *couronne.*
Nous ne pouvons pas dire néanmoins que
toute l'épaiffeur de l'ongle, inférieurement au
bifeau, lui foit uniquement dûe, il eft vifible
que le tiffu feuilleté concourt avec lui à donner plus de confiftance à ce corps compact &
qui devient toujours de plus en plus dur,
felon fa diftance du centre, comme felon fa
diftance de fon origine: du refte, il eft bon
d'obferver que les feuillets qui, dans un fabot
frais, n'offrent qu'une certaine réfiftance,
peuvent devenir véritablement corne, ainfi qu'il
arrive dans un fabot defféché.

Enfin le même tiffu dégénéré, fe continuant à la partie poftérieure & à l'endroit
des *talons,* en forme la face extérieure ainfi

que la profonde échancrure qui divise la base de la *fourchette* solide en deux portions ; ses fibres, d'où résultent pareillement la face extérieure de la *sole* & de la *fourchette* solides, étant au surplus conséquentes, par leur direction, à la forme du pied inférieurement & marchant parallèlement entr'elles jusqu'au bord inférieur du sabot.

L'ongle paroît donc être réellement une suite & une production du système général des fibres cutanées, & l'on peut dire que chaque extrémité de l'animal est bornée & renfermée dans une sorte de cul-de-sac opéré par le tégument.

Il ne pouvoit cependant être la suite de ces fibres seules, les vaisseaux doivent nécessairement participer à cette production, ils y sont en effet multipliés à l'infini ; les porosités innombrables dont le biseau, ainsi que la face interne de la *sole* solide, & même chaque feuillet qui tapisse la paroi interne du sabot sont criblées, en sont une preuve ; mais le diamètre de ces vaisseaux, auxquels toutes ces porosités livrent un passage, diminuent tellement à mesure de l'étroitesse & de l'intimité de leur union, qu'ils n'admettent, lorsqu'ils sont arrivés à une certaine portion de l'ongle, qu'une

humeur tenue, deftinée à fubvenir à la nourriture de cette même portion, tandis qu'au-
delà, ce même ongle n'eft plus en quelque
forte qu'un corps étranger & dénué de toute
organifation.

Or il me préfente trois parties que je ne
peux m'empêcher de diftinguer.

La première doit en être appelée la *partie*
vive, elle en eft auffi la plus molle, foit à
l'origine du fabot, foit dans fa face interne,
foit dans la *fole* folide, parce qu'elle eft tiffue
de fibres & de vaiffeaux, qui y font infiniment moins rapprochés & moins ferrés qu'à
une diftance plus éloignée de l'origine & du
centre.

La feconde plus compacte & qu'on peut
envifager comme le point où finiffent les
vaiffeaux, forme celle que je nomme *partie*
demi-vive, ou *partie moyenne*.

La troifième enfin, plus dure & plus folide
que cette dernière, compofe celle que j'appelle
portion morte.

Quelle que foit l'exilité des canaux dans la
partie vive, elle n'eft pas telle que la circulation ne puiffe y avoir lieu & ne doive s'y
exécuter comme dans toutes les autres portions
du corps, c'eft-à-dire, que le fluide qui y eft

porté par les artères doit être rapporté par les veines qui leur répondent.

Dans la *partie moyenne*, que je croirois être réellement le terme de ces mêmes vaiſſeaux, auxquels la portion ſupérieure & la moins compaête doit la nourriture & la vie, il ne ſe fait qu'un ſuintement d'une humeur gélatineuſe, une tranſudation du ſuc nourricier, par des poroſités imperceptibles, ou par des filières extrêmement tenues, cette portion, la plus ſubtile de la lymphe, ne pouvant être repompée & rentrer dans la maſſe.

Quant à la portion inférieure, c'eſt-à-dire à la *portion morte*, lors même qu'on y ſuppoſeroit des vaiſſeaux, & que l'on préſumeroit que les eſpèces de pinceaux, très-ſenſibles à la face inférieure de quelques *ſoles* ſolides deſſéchées, puſſent être formés de ces mêmes vaiſſeaux, & des fibres cutanées unies & confondues avec eux, il eſt certain qu'ils ſeroient tellement oblitérés qu'ils n'admettroient aucune ſorte de liquide, & le deſſéchement total des premières couches que l'on enlève, en parant un pied, le démontrent ſans replique : or, dès que nulle eſpèce de liqueur ne peut être charriée dans cette portion, c'eſt avec raiſon que je la regarde comme eſſentiellement privée de la vie.

Ces faits une fois établis & conſtans, il eſt évident que c'eſt principalement dans la *partie vive*, qui eſt la plus expoſée à l'impulſion des liquides, que s'opère la nutrition & par conſé-quent l'accroiſſement : auſſi voyons-nous que l'ongle ne s'étend & ne s'épaiſſit, ſoit le ſabot, ſoit la *ſole* ſolide, qu'à compter de leur portion ſupérieure, ou de leur portion molle, de même que dans la végétation des plantes, la tige ne ſe prolonge qu'à commencer de la racine: la force de cette impulſion, dûe à la contraction du cœur, au battement continuel des artères, ainſi qu'à l'action des muſcles & à la preſſion de l'air qui ſont autant d'agens auxiliaires, y détermine le fluide qui y aborde avec aſſez de vélocité pour ſurmonter & pour vaincre peu-à-peu l'obſtacle que lui préſentent la *portion moyenne* & la *portion morte*, de manière qu'elles ſont l'une & l'autre chaſſées par la portion ſupérieure, qui deſcendant & s'éloi-gnant toujours inſenſiblement elle-même du centre de la circulation, par ſa partie la plus baſſe, devient ſucceſſivement la *partie moyenne*, & qui chaſſée & pouſſée encore plus loin devient à ſon tour la *portion morte*.

Il ſeroit aſſez difficile de penſer que la *portion moyenne* ou *demi-vive*, put avec ſuccès,

faire effort contre cette dernière: comme
elle ne reçoit la partie la plus subtile de la
lymphe que par transsudation, l'abord lent &
paisible de ce suc, qui se trouve à l'abri de
l'action oscillatoire des vaisseaux & de tout
mouvement progressif ordinaire dans la circulation, ne lui procure en aucune façon le
pouvoir de chasser devant elle la *partie morte;*
ce n'est qu'autant qu'elle est un corps continu
à cette même partie, & qu'elle est réellement
chassée elle-même par la *partie vive,* qu'elle
peut la contraindre, la déterminer & la pousser;
c'est donc dans cette même *partie vive* que
le travail & l'ouvrage de l'accroissement
s'accomplissent.

Eu égard à la chute de l'ongle & à sa reproduction, cette chute est-elle entière? a-t-elle
lieu par une suppuration, ou en est-elle la suite?
la destruction des vaisseaux interdit alors toute
communication de l'ongle avec la source des
sucs nourriciers, de manière qu'il se dessèche
& qu'il tombe, tandis que les humeurs, qui
auroient dû aller jusqu'à lui, se mêlent & se
confondent avec celle qui est suppurée. Cette
chute n'est-elle que d'une partie qui se sépare
& arrive-t-elle par un desséchement au moyen
duquel cette partie s'oppose à l'entrée des
liqueurs?

liqueurs? comme elles se trouvent chassées &
qu'elles heurtent sans cesse contr'elle, elles
rompront les vaisseaux, dans l'endroit de
l'obstacle, & le mort sera séparé d'avec le vif:
dans l'un & l'autre de ces cas, la reproduction proviendra des fibres & des vaisseaux de
la couronne, ainsi que de ceux qui pénètrent
le tissu feuilleté.

Enfin, extirpons-nous nous-mêmes la *sole*
solide? il y a dilacération de tous les vaisseaux
qui pénétroient de la *sole* charnue dans les
porosités de sa surface interne & qui formoient
leur liaison & leur adhérence: on ne voit
aucune goutte de sang suinter de cette même
surface; il y a de plus rupture de la partie
fibreuse, qui est une suite des fibres cutanées:
la suppuration étant opérée, les parties dilacé-
rées végètent, il s'élève de toutes parts des
grains charnus qui ne diffèrent point dans les
commencemens de mamelons qui se montrent dans les plaies des parties molles, mais
lorsque ces chairs sont parvenues à un certain
point, leur superficie devient lisse & sèche
comme une cicatrice: cette espèce de pellicule
prend du corps, se durcit, devient en peu de
temps entièrement semblable à l'ongle que
nous avons enlevé, & s'unit avec la portion

K

qui l'avoifine, de façon à ne laiffer aucun veftige de la féparation qui a été faite. Ici la reproduction dépend en grande partie de la *fole* charnue & fur le derrière d'une portion des tégumens.

DES EXTRÉMITÉS DU CHEVAL
confidérées dans la ftation & dans la marche.

X V.

S o i t à préfent le fabot de l'animal envifagé comme l'extrémité d'un levier réfultant des os du pâturon & de la couronne, le point d'appui fera fous le canon dans la direction de l'axe de cette partie; le bras accordé à la réfiftance, fe trouvera dans la portion du paturon dépaffant en arrière cette ligne de direction, ainfi que dans les os féfamoïdes; celui de la puiffance enfin aura toute la longueur reftante du paturon & toute celle de la couronne & du pied jufqu'à la pince.

Ce que nous entendons par la puiffance, ne peut être autre chofe que la réaction du fol contre le poids de l'animal, & nous fuppofons ici les articulations du pied avec la couronne, & de la couronne avec le paturon,

dans le moment d'inflexibilité que produiroit
la tenſion du tendon *. Dans cet état & lors
de la ſtation du cheval, il eſt évident que le
poids de la machine ſollicitera ſans ceſſe la
diminution de l'angle qui a lieu au boulet
entre l'avant du canon & le deſſus du paturon,
& que la ſeule force qui pourra s'oppoſer à
ce que cet angle ſoit de plus en plus reſſerré,
n'agira que par le tendon aidé du bras terminé
par les os ſéſamoïdes.

Si le bras de la puiſſance ſe trouve exa-
géré contre nature, comme dans les chevaux
longs-jointés, par exemple, ce même tendon
ſera diſtendu par une force bien plus conſidérable, puiſque l'excès de ce bras ſur celui
de la réſiſtance, ſera plus grand *& vice verſa,*
dans les chevaux courts-jointés.

---

* En effet, on doit voir par les explications que
nous avons données *(art. XIV)*, que ce n'eſt que
par ſuppoſition, & pour nous faire plus aiſément
entendre, que nous nous ſommes déterminés ici à
rapporter à un ſeul point, c'eſt-à-dire, à l'appui du
canon ſur le paturon, l'effet total d'un levier, diviſé
en trois parties, qui, toutes trois, concourent à cet
effet à tel point que, dans un cheval bien conformé,
l'angle au boulet n'eſt quelquefois pas plus fermé que
les autres dans l'inſtant où le tendon éprouve une
diſtenſion pénible, dont l'animal cherche automatiquement à ſe délivrer par la ſubite élévation de ſon
pied.

Le premier de ces cas aura lieu encore par l'exagération en longueur de l'affiette du pied, fi l'excès de cette longueur réfide dans la pince feulement. Si la pince & les talons y ont une part égale, la puiffance n'aura ni plus ni moins d'avantage fur la réfiftance, que dans l'état naturel ; & fi le prolongement n'eft qu'en talons, le bras de la puiffance fe trouvant raccourci, elle aura moins d'empire fur la réfiftance; car, dans cette hypothèfe, il faut toujours rapporter le point de la puiffance au centre de l'affiette : or, dans la première fuppofition, il s'éloigne du point d'appui; dans la feconde, il refte au même lieu; & dans la troifième, il s'en rapproche.

Plus encore le pied fera court, moins, par la même raifon, la puiffance aura d'énergie.

En ce qui concerne la marche d'un cheval, fuppofé libre & cheminant fur un fol uni & de niveau, nous dirons que la pofition de fes pieds eft opérée de manière que tous les points de la circonférence de l'affiette atteignent en même temps ce même fol. Dans cet inftant, celui qui y parvient & que nous prenons dans le bipède antérieur, dépaffe légèrement de la pince la verticale qui defcendroit de la pointe du bras, & alors l'angle

au boulet eſt plus ouvert qu'il ne le ſera dans
les inſtans ſuivans. Cet angle, en effet, ſe
reſſerrera à meſure que le poids de la maſſe
ſollicitée en avant par l'action, le travail &
la détente des membres poſtérieurs arrivera
plus directement ſur lui, & que le canon,
d'oblique qu'il étoit de l'avant à l'arrière, deviendra plus oblique de l'arrière à l'avant. Il
parviendra enfin à ſon dernier degré poſſible
de rétréciſſement, un peu avant que la partie
ſupérieure de la colonne ait parcouru tout le
chemin qu'elle doit décrire pendant la durée
totale de l'appui du pied; alors, & auſſi-tôt,
une partie de la circonférence ceſſera de
porter ſur le terrein, le talon ſe détachera &
s'élèvera, la pince ſeule ſe trouvera donc chargée de tout le fardeau, & par conſéquent le
bras de la puiſſance ſera alongé de toute la
diſtance compriſe entre le centre de l'aſſiette
& cette même pince, à laquelle ſe ſera tranſ-
porté le point de cette même puiſſance : or,
comme elle ſera fortement accrûe par le prolongement de ſon bras, elle fera ſubir au
tendon une diſtenſion bien plus pénible &
plus laborieuſe que celle qu'il a éprouvée juſque-
là, ſi l'animal ne ſe hâtoit machinalement de
détacher ce pied du ſol, après avoir appelé

promptement l'autre à fon fecours; tels font les mouvemens principaux qui ont lieu fucceffivement dans les colonnes & dans les articulations, mouvemens que leur rapidité dérobe toujours à des yeux hors d'état de décompofer l'action totale; & tel eft le mécanifme, à la faveur duquel la Nature a affuré la continuation de la progreffion & l'a affervie d'ailleurs à une mefure jufte & réglée qui en conftitue l'harmonie.

Cette théorie fimplifiée & applicable encore aux colonnes poftérieures, fuffit avec les vérités détaillées dans les deux précédens articles, au développement des diverfes raifons & des différens moyens de procéder dans la ferrure; mais pour ne pas confondre ici les objets, ou plutôt pour ne pas accroître l'obfcurité qui naît de la difficulté de la matière même, nous confidérerons d'abord cette opération, eu égard à l'ongle feulement, & enfuite eu égard aux colonnes qu'il termine, cette diftinction nous paroiffant indifpenfable, & ne pouvant que nous frayer un chemin plus facile à la clarté & à la netteté que de femblables difcuffions exigent.

RAISONS ET MOYENS
d'opérer dans la ferrure, confidération faite feulement du pied.

X V I.

Nous avons reconnu dans l'ongle trois parties très-diftinctes, l'une fupérieure, pourvue de vaiffeaux & moins denfe que celles qui lui font inférieures; l'autre moyenne, plus compacte que celle-ci & n'admettant qu'un fluide qui y tranffude; la troifième enfin, ayant encore plus de confiftance que la feconde, & abfolument dénuée de tout ce qui pourroit en conftituer & en annoncer la vie.

Si nous imprimons fur la première, & plus ou moins près de la couronne, une marque quelconque, une ∿, par exemple, avec le cautère actuel, cette marque ou cette lettre tracée avec le feu defcendra infenfiblement, avec cette même partie, vers l'extrémité du fabot, & s'évanouira abfolument avec elle lorfque la maffe totale du pied fera renouvelée : donc l'ongle accroît dès fon principe & non par fon extrémité; donc la partie vive eft la feule dans laquelle s'exécute la nutrition, & par conféquent l'accroiffement; donc cette même

partie cédant par degrés à l'impulſion des liquides, eſt continuellement chaſſée de manière
qu'une partie, peu à peu & nouvellement formée, la remplace; donc elle ſuccède elle-même
à la partie moyenne qui ſucceſſivement auſſi
ſe change en partie morte; donc enfin elle
prendra la place de celle-ci à meſure des retranchemens faits à l'ongle, & que, retranchée
comme elle dans la ſuite, elle ceſſera d'appartenir
à l'animal & de faire corps avec le ſabot.

La partie vive doit pouſſer vers l'extrémité
du pied la partie moyenne & la partie morte
enſemble, à meſure qu'elle y eſt déterminée
elle-même par les chocs qu'elle éprouve, &
par celle à laquelle elle cède inſenſiblement la
place qu'elle occupoit; donc, ſelon le degré
de réſiſtance de la part des parties qu'elle doit
chaſſer, l'ouvrage de l'accroiſſement ſera plus
ou moins pénible; donc, plus leur étendue
& plus leur volume feront conſidérables, plus
l'obſtacle ſera difficile à ſurmonter, attendu
qu'elles contre-balanceront davantage la force
impulſive des liqueurs reçues par la partie ſupérieure; donc moins les retranchemens à faire
à l'ongle, par l'action de parer, feront fréquens, moins l'ongle croîtra & moins l'accroiſſement en ſera prompt; donc, plus ils feront,

réitérés, plus cet accroiſſement ſera diligent & ſenſible. C'eſt ſur ces grands principes, qu'il ſeroit ſuperflu d'étendre ici, que l'artiſte doit étayer ſon raiſonnement & ſa pratique. Par eux, & en s'y conformant, il parviendra facilement à ſe rendre maître de la forme de tous les pieds, même les plus défectueux, il en dirigera l'accroiſſement, il le hâtera ou le retardera à ſon gré; il répartira la nourriture à ſa volonté & ſelon le beſoin, ſur les diverſes parties; il la détournera des unes, il la forcera à refluer ſur les autres, & comme il n'agira jamais que d'après les vues & les conſeils de la Nature, il ſera certain d'entretenir ou de réparer avec ſuccès, une partie d'autant plus eſſentielle que l'animal le plus précieux peut ceſſer bientôt de l'être, pour peu qu'elle ait reçu quelqu'atteinte.

Ferrure d'un pied naturellement beau.

LORSQU'UN pied eſt naturellement beau & bien proportionné, la nourriture ſe diſtribue avec une juſte égalité à toutes les parties qui le compoſent.

Tout l'effet des retranchemens à faire avec le boutoir, doit ſe borner par conſéquent à en diminuer le volume & l'étendue, ſans rien changer à fa configuration, & en le laiffant fubfifter abfolument dans le même état.

Manière de parer. Enlevez le fuperflu de l'ongle, felon l'accroiffement qu'il aura pris, en obfervant d'y laiffer de quoi brocher. Parez uniment & également, ayant néanmoins attention à ce que les talons & la pince puiffent répondre à l'ajufture, & retranchez proportionnément de la fourchette & de la fole.

Fer à employer. Mettez un fer ordinaire, forgé & ajufté felon les proportions affignées *(art. X)*; celles qui concernent l'ajufture font d'autant plus effentielles qu'elles déterminent l'appui de l'animal fur le centre de l'affiette du pied.

1.º Un fer qui n'accompagneroit pas le fabot dans fa rondeur & dans fa forme, folliciteroit lui-même, felon fon propre défaut, une difformité lors de l'accroiffement. S'il débordoit trop, l'animal pourroit fe déferrer, s'atteindre, s'attraper; s'il ne couvroit pas affez, la portion fur laquelle il ne porteroit pas croîtroit beaucoup plus que celles fur lefquelles il porteroit; enfin, s'il pêchoit par le défaut d'ajufture, l'animal butteroit & les talons feroient plus travaillés.

2.º Un fer trop léger ne réfifteroit pas au

travail; un fer trop pefant ruineroit les membres, il dériveroit, il entraîneroit les lames par fon propre poids.

3.° S'il n'avoit pas par-tout une égale épaiffeur, la véritable affiette du pied feroit fauffée.

4.° Enfin, s'il étoit étampé auffi gras dans la branche de dedans que dans celle de dehors, le quartier de dedans, naturellement plus foible, pourroit fouffrir des atteintes de la part des lames; & fi ce même quartier étoit auffi garni que l'autre, le cheval feroit aux rifques de fe couper, de s'attraper, de fe déferrer en mettant l'autre pied fur le fer, &c. &c.

Ferrure d'un pied trop volumineux.

LE défaut de ces fortes de pieds, dans lefquels les liqueurs affluent avec trop d'abondance, exige la plus grande attention de la part de l'Artifte: il efpèreroit & tenteroit vainement de remédier, par la ferrure, à la foibleffe naturelle des folides, mais il peut pallier ce vice par des topiques capables de fortifier l'ongle: il eft bon auffi de parer le moins fréquemment que l'on pourra, car quoique la portion morte n'oppofe pas ici une grande réfiftance, l'obftacle qui en réfulte, quelque léger qu'il foit, opère toujours quelqu'effet.

Manière de parer. Blanchiffez feulement, 1.° pour conferver à la portion morte le foible droit qu'elle a de s'oppofer à l'abord trop confidérable des liqueurs; 2.° pour ne pas offenfer le vif que vous rencontreriez bientôt.

Fer à employer. Employez un fer ordinaire, il doit être feulement plus léger, les étampures en feront auffi plus maigres, & vous choifirez les lames les plus déliées, attendu le peu de fermeté & de confiftance de la corne.

Ferrure d'un pied trop petit.

L'EXCÈS de rigidité & de dureté des fibres demandent ici des topiques, dont la propriété foit de ramollir, de détendre & de folliciter par conféquent en elles plus de foupleffe; dès-lors les liqueurs abonderont & pénétreront plus aifément: d'une autre part, les retranchemens de l'ongle doivent être très-fréquens, car plus fouvent la partie morte fera détruite, moins la partie vive aura d'effort à faire.

Manière de parer. Parez l'ongle dans toute fon étendue & coupez-en autant qu'il fera poffible.

Fer à employer. Mettez un fer ordinaire, sans ajusture, à l'effet de ne contraindre aucune partie quelconque; du reste il doit garnir exactement toute la circonférence de l'assiette.

Ferrure d'un pied trop long en pince.

UNE partie de l'ongle ne peut pêcher par excès de longueur, qu'autant que la nourriture s'y porte aux dépens des autres ou de quelques - unes d'elles; or, l'art consiste à la détourner & à la faire refluer sur celles qu'elle n'atteint pas également.

Manière de parer. 1.º Laissez d'abord à la pince toute sa force, parce que c'est à raison de cette même force & de l'obstacle que cette partie opposera à l'influx des liqueurs sur elle, que ces mêmes liqueurs seront déterminées vers les autres portions du pied; 2.º coupez assez des quartiers & abattez assez les talons, pour y appeler le fluide & y en favoriser le cours.

Fer à employer. 1.º Mettez un fer ordinaire, 2.º qu'il soit relevé en pince, 3.º qu'en cet endroit il soit affermi par un pinçon.

La contrainte qui résultera pour la portion antérieure de l'ongle, de ces deux dernières conditions, ajoutant encore à la force qu'on aura laiffé fubfifter en elle, la nourriture fera certainement plus difpofée à être renvoyée fur les parties coupées & abattues, & la pince reviendra peu-à-peu à la jufte proportion dont elle eft éloignée.

Ferrure d'un pied trop court en pince.

UNE caufe directement oppofée à celle qui, dans le pied précédent, pouvoit être accufée de l'excès de la longueur de la pince, donne ici lieu à l'excès de la brièveté de cette partie: on comprend qu'on ne peut remédier à ce défaut qu'en partant des principes donnés, & en ôtant par conféquent, autant qu'il fera poffible, de la portion abrégée, tandis qu'on ne retranchera prefque rien des autres.

Manière de parer. 1.° Coupez de la pince tout ce qu'il vous fera poffible d'en ôter, 2.° abattez affez les talons pour appeler fur eux le poids de l'animal, 3.° parez légèrement les autres parties & laiffez-leur une force capable de contre-balancer l'impulfion des liqueurs & de les faire refluer fur la portion antérieure de l'ongle.

Fer à employer. Mettez un fer ordinaire, fans ajufture, la pince de ce fer ne devant point être relevée, parce qu'elle gêneroit celle du pied lors de fon accroiffement & devant d'ailleurs garnir affez pour la défendre & pour en faciliter le prolongement.

Ferrure d'un pied trop étroit & trop alongé.

Manière de parer. Coupez autant que vous le pourrez de la fole, de la fourchette & des quartiers; ne creufez pas néanmoins la feconde de ces parties dans fa bifurcation.

Fer à employer. 1.° Mettez un fer à pantoufle dont les éponges feront genetées, 2.° que ce fer foit relevé en pince & affermi par un pinçon, 3.° qu'il foit du refte forgé, ainfi qu'il a été dit *(article X)*. La geneture contiendra les talons, la pince relevée & le pinçon contiendront la portion antérieure de l'ongle, les quartiers fuivront la direction indiquée par le glacis de la pantoufle, & la nourriture étant rappelée à ces dernières parties, ainfi qu'à la fourchette & à la fole, le pied s'élargira, & les autres portions de l'ongle reviendront à la proportion qu'elles doivent naturellement avoir.

Ferrure d'un pied mou, communément appelé pied gras.

LES précautions à prendre pour fortifier ces

fortes de pieds, ne diffèrent point de celles que demandent les pieds trop volumineux, ils doivent être ferrés & parés de même.

Ferrure d'un pied dérobé.

Toutes les substances propres à opérer le ramollissement des fibres, & à obvier à la sécheresse & à l'aridité de l'ongle, doivent être continuellement mises en usage relativement à ces fortes de pieds, comme eu égard à celui qui pêche par le défaut de volume; mais ici on ne sauroit parer aussi fréquemment que ce dernier doit l'être, puisque les lames font fans ceffe éclater la corne & y occafionnent de fortes brèches.

Manière de parer. Abattez le plus qu'il vous fera poffible de la totalité de la circonférence de l'affiette, à l'effet de faciliter partout l'abord du fluide, que l'étroiteffe & le rapprochement des vaiffeaux rendent déjà très-difficile.

Fer à employer 1.º Mettez un fer très-léger, 2.º que les étampures, dont le nombre ne peut être fixé, parce qu'il doit être relatif à la fituation de l'ongle, & qui feront plus ou moins maigres felon la circonftance, foient très-diftantes les unes des autres, fi la chofe

eft

eft poffible, autrement & dès qu'elles s'avoi-
fineroient trop, le fer cédant à quelqu'effort
qui pourroit l'arracher ou en folliciter la chute,
il n'eft pas douteux que les lames qui feroient
entraînées avec lui, entraîneroient avec elles
toutes la portion de l'ongle dans laquelle elles
auroient été brochées. 3.° Obfervez de brocher
principalement dans les lieux où l'ongle eft le
moins dérobé. 4.° Difpenfez-vous de l'ajufture,
laiffez à toutes les parties un champ abfolument
libre, afin qu'elles s'étendent également. 5.°
Pratiquez des pinçons dans les lieux où l'ongle
fera détruit, à l'effet de maintenir folidement
le fer & d'empêcher qu'il ne puiffe, en vacil-
lant d'une façon quelconque, travailler les
lames & les ébranler.

Ferrure d'un pied de travers, un quartier étant plus haut que l'autre.

LA première idée qui fe préfente naturellement lorfqu'on voit une partie plus élevée
que celle qui doit lui répondre, eft de retrancher ce qu'elle a d'excédant : c'eft agir néanmoins contre tout principe que de diminuer
ici la longueur du quartier qui rend le pied
difforme & qui fauffe l'affiette.

Il eft nombre de chevaux en qui le défaut

L

dont il s'agit exifte, foit par l'inhabileté & la pareffe de la main de l'artifte *(art. XII)*, foit qu'il ait pour caufe l'affluence plus abondante des liqueurs fur ce quartier, foit qu'à raifon d'une conformation vicieufe le poids de l'animal ne porte point fur le centre de l'affiette, & foit rejeté fur cette partie plus que fur l'autre, foit enfin que la fituation des lieux fur lefquels le poulain a pâturé, ait été telle qu'il ait été forcé d'y fixer le plus fouvent fon appui, &c. &c.

Manière de parer. 1.° Abattez d'abord le quartier le plus bas. 2.° Ne touchez point à l'autre, à moins qu'une hauteur exceffive ne vous y détermine, mais, dans tous les cas, n'en coupez jamais affez pour fupprimer toute la portion qui peut oppofer à l'impulfion des liqueurs une réfiftance néceffaire, & laiffez affez de maffe pour que ces mêmes liqueurs rencontrent toujours un obftacle qui les arrête & qui en détourne le cours. 3.° Creufez-en le talon, à l'effet de le refferrer, s'il a de la difpofition à fe porter en dehors.

Fer à employer. 1.° Mettez à ce pied un fer égal dans toutes fes parties, & qui garniffe néanmoins davantage le quartier abattu. 2.° Que les étampures foient en pince & fur le quartier élevé. 3.° Que ce fer foit fi jufte du côté de ce même quartier qu'il y ait à en rogner, en fuppofant néanmoins qu'il forjette, ce qui arrive affez communément à tous les quartiers qui pèchent par ce défaut ; ils fe jettent & fe déterminent le plus fouvent en dehors.

Ferrure d'un pied de travers, un des quartiers fe jetant en dehors ou en dedans.

Nous n'entendons pas parler ici d'un pied dont un des quartiers fe trouvant en dedans, & pouvant refferrer & entraîner le talon tendroit à l'encaftelure, nous ne confidérons que celui dont la forme feroit irrégulière dans l'un ou l'autre des cas fuppofés.

Ce défaut eft le partage d'un ongle aride & fec.

Manière de parer. 1.° Coupez également par-tout, parce qu'enfuite de cette opération, la forme du fer dirigera l'ongle dans fon accroiffement. 2.° Creufez le talon & la fourchette, fi le quartier fe jette en dehors.

Fer à employer. 1.° Mettez un fer ordinaire plus couvert & étampé du côté du quartier qui rentre, de manière qu'il y déborde. 2.° Dans la circonftance où la difformité du pied

& l'inégalité des quartiers proviendroient de ce que l'un d'eux se porte en dehors, l'étampure de ce côté sera extrêmement maigre, à l'effet de gêner cette partie par la justesse du fer.

Si au surplus le pied étoit de travers, conséquemment à la défectuosité des deux quartiers, il s'agiroit de parer de même, & d'employer un fer figuré d'après ces principes.

Ferrure des chevaux qui ont des bleymes.

Manière de parer. Découvrez la bleyme autant qu'il sera possible, mais en parant toujours à plat & sans creuser.

Fer à employer. C'est ici le cas de mettre en usage le fer à lunette s'il y a bleyme de chaque côté, & à demi-lunette, s'il n'en est qu'une, le tout pour favoriser la guérison, qui seroit infailliblement retardée, si la partie sur laquelle existe le mal portoit sur un corps dur. On mettra dans la suite un fer à pantoufle s'il en est besoin, & si le talon est disposé au resserrement.

Ferrure des chevaux qui ont des seymes.

Manière de parer. Parez le pied à l'ordinaire, s'il ne présente rien de particulier.

Fer à employer. Mettez un fer à lunette ou

à demi-lunette; il est bon que le quartier sur lequel est la seyme ne porte point, il en sera soulagé, & souvent la seyme s'évanouit plus aisément. On substitue ensuite à l'un ou à l'autre de ces fers un fer à pantoufle, comme dans le cas précédent si la circonstance l'exige.

Des topiques gras & émolliens sont très-efficaces ici, comme dans le cas suivant.

Ferrure des chevaux qui ont des soies.

Manière de parer. 1.° Parez comme à l'ordinaire. 2.° Entaillez l'ongle en forme d'arc sur le bord de la pince, au-dessous de la fente, pour que la partie affectée n'ait aucun appui sur le fer : cette entaillure est ce qu'on a nommé un *sifflet.*

Fer à employer. Ce fer ne doit rien présenter d'extraordinaire, si ce n'est que la pince est privée d'étampure, & qu'on tirera deux pinçons de cette partie, un de chaque côté du sifflet, pour que l'ongle divisé soit plus sûrement contenu.

Ferrure d'un pied dont les talons sont bas.

Manière de parer. 1.° Parez le pied à l'ordinaire, sans toucher à la fourchette, toujours trop volumineuſe en pareil cas. 2.° Abattez le peu de talon que vous rencontrerez.

Fer à employer. 1.° Étampez le plus qu'il ſera poſſible en pince, pour ne pas gêner les talons qui, dans ces ſortes de pieds, ſont très-délicats & très-foibles. 2.° Relevez le fer en pince, à l'effet de contraindre cette partie du pied qui, tenue plus courte, attirera davantage le poids de la maſſe ſur elle, ce qui, d'une part, ſoulagera les talons, & permettra, de l'autre, à la nourriture d'y affluer avec plus d'aiſance.

Ferrure d'un pied dont les talons ſont flexibles.

Il en eſt de ces ſortes de pieds comme de tous ceux dont la fibre sèche & rigide demande à être ramollie & relâchée.

Manière de parer. Abattez les talons & la fourchette.

Fer à employer. 1.° Mettez un fer ordinaire ; 2.° qu'il ſoit étampé & relevé en pince autant qu'il ſe pourra ; 3.° qu'il garniſſe beaucoup en talons, à l'effet de ſoutenir ces parties & de les ſoulager.

Ferrure d'un pied dont les talons font trop hauts, mais cependant trop ouverts pour que l'encaftelure foit à craindre.

Manière de parer. 1.° Ne touchez point aux talons, à moins qu'ils ne foient fi exceffivement élevés que vous n'y foyez obligé. 2.° Diminuez la pince de tout ce qu'il vous fera permis d'en enlever.

Fer à employer. 1.° Mettez un fer ordinaire avec fort peu d'ajufture; 2.° qu'il garniffe légèrement en pince, pour en faciliter l'accroiffement, ces fortes de pieds manquant toujours par cette partie; 3.° que les étampures foient en talons autant qu'il fera poffible.

Ferrure d'un pied dont les talons, trop hauts, tendroient à l'encaftelure.

Manière de parer. 1.° Abattez confidérablement les talons, en les parant toujours à plat pour ne point affoiblir l'appui qui fe trouve entr'eux & la fourchette. 2.° Parez la fourchette fans creufer dans la bifurcation.

Fer à employer. 1.° Mettez en ufage le fer à pantoufle; 2.° que ce fer foit étampé, ainfi qu'il a été dit *(art. X); 3.°* qu'il garniffe beaucoup en talons & qu'il porte également par-tout.

Ferrure d'un pied encaftelé.

Manière de parer. Parez ce pied de même que le précédent.

Fer à employer. Le fer doit être auffi le même, on augmente néanmoins l'épaiffeur de la pantoufle, felon la défectuofité du pied.

Nous abattons les talons, & la raifon de parer ainfi eft affez connue : nous ne diminuons point l'appui qui eft entre la fourchette & les talons, parce que ce feroit favorifer le refferrement, & que le fer doit porter fur ces dernières parties. Nous ne creufons point la fourchette, pour conferver la force de l'appui dont nous venons de parler.

Quant à la néceffité du fer à pantoufle; elle eft évidente; l'intérieur de cette pantoufle gênant le dedans des quartiers & des talons, ils feront forcés de s'ouvrir, le fuc nourricier fera obligé lui-même de refluer fur le dehors de ces parties, & l'ongle de ce côté ne trouvera aucun obftacle à fon accroiffement, d'autant plus que chaffé par l'épaiffeur intérieure du fer, le talus obfervé depuis cette épaiffeur intérieure jufqu'à l'extérieur de la branche, facilitera fon extenfion en ce fens ; enfin il eft bon d'étamper ici préférablement en pince, attendu que les quartiers affoiblis par la parure, ne feroient pas en état de fupporter les lames.

Ferrure du pied plat.

Ici la fole & la fourchette reçoivent plus de nourriture qu'il ne faut ; de-là une moindre concavité dans la face inférieure de l'ongle que celle que la Nature y demande.

Manière de parer. Parez par-tout également, fi ce n'eft la fole & la fourchette auxquelles vous ne toucherez pas.

Fer à employer. Mettez un fer plus couvert que de coutume, & dont la couverture foit très-près de la fole, à l'effet de la gêner & de la contraindre : vous remonterez ainfi à la fource de la difformité & vous en arrêterez les progrès, les liqueurs étant rejetées fur les autres parties.

Ferrure du pied plat, large & étendu.

L'opération ne diffère point de celle que nous venons de prefcrire.

Ferrure du pied comble.

Le pied eft dit *comble,* lorfque la fole & la

fourchette, plus confidérables encore que ne le font ces parties dans le pied qui eft plat, en comble abfolument la face inférieure, de manière que la fole fe montre au niveau des quartiers, & qu'enfin elle les dépaffe par une convexité fur laquelle toute la maffe porte bientôt uniquement. La difformité du refte de l'ongle, les écailles qu'on y obferve, le defsèchement & le refferrement des talons, tout prouve que cette partie, la fourchette & la pince font les feules abreuvées du fuc nour-ricier.

Manière de parer. Abattez le plus que vous pourrez de la paroi & des talons, ces fortes de pieds péchant le plus communément par cette dernière partie.

Fer à employer. 1.° Mettez un fer qui foit plus mince qu'à l'ordinaire depuis la voûte juf-qu'à la rive interne des deux éponges, fa foibleffe fur la voûte empêchera la trop grande faillie ou la convexité trop forte qui réfulteroit du degré d'ajufture qu'on eft obligé de donner pour loger la fole. 2.° Ce même fer fera très-couvert, on obfervera néanmoins que les éponges ne puiffent gêner la fourchette. 3.° On étampera maigre, principalement en pince. 4.° L'ajufture fera proportionnée de manière que le fer gênera la fole le plus qu'il fera poffible, fans l'expofer cependant à l'effet de la contufion, parce que cette partie étant contenue, elle ceffera de recevoir une nourriture auffi abondante.

5.° Les éponges du fer n'auront aucune forte d'ajufture, & porteront à plat fur les talons.

On comprend au furplus que le degré d'ajufture ne peut fe régler que fur le plus ou le moins de convexité de la partie faillante du pied, mais nous invitons les Élèves à rejeter les fers voûtés qu'on n'emploie que trop communément & trop inconfidérément, fur-tout ceux dont la tournure eft fi défectueufe, qu'en gênant l'ongle par les bords extérieurs, ils renvoient toute la nourriture à cette partie, dont il feroit effentiel de la fupprimer; elle accroît auffi alors de plus en plus & d'autant plus aifément qu'elle n'eft pas même le plus légèrement comprimée, & bientôt les chevaux dont les pieds font ainfi maniés, font entièrement hors de fervice.

Ferrure du pied qui a un ou deux oignons.

Manière de parer. En parant, ne touchez nullement la fole dans l'endroit des oignons.

Fer à employer. 1.° Mettez un fer affez

couvert du côté des oignons mêmes, à l'effet de les garantir de tout heurt. 2.° Que l'étampure soit ordinaire, & ne diffère de ce même côté que par une quantité moindre. Par l'une & l'autre de ces attentions, on gênera & l'on contraindra d'une part la partie tuméfiée, & de l'autre on ne courra par le risque de l'offenser par la brochure.

Ferrure des mulets de bât ou de somme.

Manière de parer. Abattez de l'ongle partout également, & ne creusez point les talons.

Communément on pratique un sifflet en pince, nous le croyons inutile à moins que des soies ou d'autres causes n'y obligent.

Fer à employer. Mettez en usage le fer à la florentine, décrit *(art. X)*.

Ferrure des mulets encastelés ou qui s'encastèlent.

DONNEZ à la florentine la figure de la pantoufle.

Ferrure des mulets dont les talons sont bas.

Manière de parer. Abattez ce que vous pourrez des talons.

'Fer à employer. **Mettez** une planche dont les étampures soient en pince, & du reste que cette planche ait toutes les proportions données *(art. X).*

Nota. On pratique dans l'un & l'autre de ces fers en pince, & hors de la portée de l'ongle, des étampures une fois plus larges que les autres, dans lesquelles on peut insérer des tiges de fer à tête tranchante, maintenues par une clavette & qui font l'office des clous à glace.

Ferrure des mulets de charrette & de trait.

'Manière de parer. **Parez** le pied par-tout également.

Fer à employer. **Voy.** le fer quarré *(art. X)* &c. &c.

Quoi qu'il en soit de ces méthodes, puisées dans la nature même de l'ongle, ainsi que dans les loix de son accroissement, & dont une heureuse expérience confirme chaque jour les succès dans nos écoles, combien n'aurions-nous pas encore à nous étendre pour fixer l'esprit & diriger l'œuvre de la main, d'une manière aussi positive, dans les degrés différens & dans les combinaisons diverses de tous les défauts compliqués qu'on peut rencontrer dans la pratique, mais nous abandonnons aux Élèves le foin de faire eux-mêmes ufage, dans des cas particuliers & difficiles, du flambeau qui nous a fervi à les éclairer : l'inftruction la plus profitable n'eft pas celle qui ne laiffe rien à defirer, mais celle qui ouvre les voies au génie & qui l'incite à fe livrer à fon effor, aidé toujours du fecours de tous les principes vrais & folides, dont il eft effentiel que l'application lui foit réfervée.

RAISONS ET MOYENS
d'opérer dans la ferrure, confidération faite du corps & des membres.

XVII.

SI pour faciliter l'intelligence des points qui nous ont occupé jufqu'à préfent, nous avons eu recours à la réunion d'un nombre de vérités qui en ont précédé la difcuffion, il eft fans doute ici plus important encore de fuivre la même marche, car ceux à l'examen defquels nous parvenons font auffi abftraits que les autres étoient palpables.

Le réfultat de notre première affertion, (*art. XV*), eft que plus la pince aura de longueur, ou plus les talons feront abattus, plus le tendon fera travaillé par l'effort de la maſſe, *& vice verſa.*

Suivant la feconde, en attachant nos regards fur une des extrémités antérieures au moment précis où elle fe trouve chargée du poids de l'animal qui chemine, nous avons établi que la maſſe qu'elle fupporte, progreſſe pendant un certain efpace de temps, fans que le pied qui termine cette extrémité abandonne par les uns & les autres de fes points le fol fur lequel il repofe.

La ligne de direction du centre de gravité de cette maſſe ne pourroit néanmoins changer & être portée en avant, fi cette même extrémité demeuroit parfaitement immobile; donc il eft de toute néceſſité, dès que fa partie inférieure ou le pied refte à terre, que la fupérieure foit mue & perde fon à-plomb pour obéir & fe prêter au chemin que décrit le corps, & comme elle ne fauroit le perdre que dans le fens où ce même corps eft pouſſé, le mouvement qu'elle en recevra la déterminera à un certain degré d'obliquité de l'arrière à l'avant.

Ce degré d'obliquité étant à fon dernier période, & felon l'étendue totale de la colonne, le pied confervant toujours fon appui, nous avons dit que le tendon éprouveroit une diftenfion plus ou moins forte, & l'animal une fenfation plus ou moins importune: or ce plus ou ce moins dépendroit du plus ou moins de hauteur des talons, comme du plus ou moins de longueur de la pince; donc fi l'animal eft naturellement follicité par l'importunité ou la douleur à fe rédimer de cette diftenfion, ce ne fera d'abord qu'au moyen de l'élévation de fes talons au-deffus du fol; donc il eft inconteftable que plus on confervera de hauteur à ces parties, moins prompte fera l'impreffion fur le tendon & moins prompt fera par conféquent leur détachement de ce même fol; donc moins on leur en laiffera, plutôt elles abandonneront le terrein.

Mais nous avons vu que dès qu'elles ne l'atteindront plus, le poids du corps étant déterminé & tranfporté fur la pince, la diftenfion fera encore plus pénible, & que pour échapper à fes effets, l'animal détachera auffitôt le refte du pied comme il a détaché les talons; donc plus le rejet de la maffe fur cette partie fera précipité, plus l'action de la colonne fera fubite; donc l'abréviation des talons hâtant néceffairement ce rejet, puifqu'elle hâte le
moment

moment où ils quitteront eux-mêmes la terre, accélèrera infailliblement la loco-motion de cette même colonne.

Cette perception aveugle qui éloigne machinalement l'animal de tout ce qui peut lui nuire, & qui le porte à fuir sur le champ une situation désagréable, & à en chercher aussitôt une moins fatigante & plus commode, est le principe d'une multitude de mouvemens automatiques & spontanés, dont la Nature se sert habilement pour l'exécution d'une grande partie de ses desseins. Le même moyen peut aussi, dans une infinité de circonstances & dans l'opération dont il s'agit, être d'une merveilleuse ressource à l'artiste, mais les écarts seroient à craindre & le danger réel, s'il l'adoptoit inconsidérément & s'il n'en bornoit, avec une sage circonspection, l'usage aux seuls cas dans lesquels il peut l'employer.

1.° Il ne tentera jamais de remédier aux difformités des membres, qu'autant qu'il le pourra sans porter atteinte à l'ongle, dont la conservation & la réparation seront toujours son but & son objet capital : si donc il ne peut corriger ou pallier ces défauts que par des retranchemens nuisibles qui accroîtroient

les vices du pied, ou en laiffant forcément
fubfifter dans leur état les parties de la corne
qu'il importeroit de parer, il y renoncera, à
moins qu'il ne trouve des expédiens dans la
forme, dans la diminution, dans l'augmentation de l'épaiffeur du fer, & pourvu encore
que cette diminution ou cette augmentation ne
foit pas pour le fer l'occafion d'une foibleffe
ou d'un poids trop confidérable.

2.° Non-feulement il examinera fi les défauts des pieds & des membres font d'un genre
tellement dépendant qu'ils puiffent être rectifiés
en même temps & par la même voie: mais
il obfervera encore que l'effet des moyens qu'il
emploieroit, relativement à un vice quelconque,
dans les articulations fupérieures, ne pouvant
qu'être infiniment plus fenfible fur les articulations inférieures, il courroit le plus grand rifque
en les mettant imprudemment en ufage, de
pervertir celles-ci & d'en affurer la ruine, principalement dans de jeunes poulains hors d'état
de réfifter à de certaines impreffions.

3.° Lorfque nous difons qu'une pofition
fauffe que l'artifte rendroit encore plus pénible,
inviteroit l'animal à en chercher une oppofée
qui pourroit le rappeler à la juffeffe de l'à-plomb,
nous n'avons garde de prétendre que ce principe,

en lui-même très-vrai, soit par-tout applicable;
l'exagération d'un défaut, déjà excessif, accableroit de plus en plus la Nature déjà trop
opprimée; & tel seroit, par exemple, dans
un cheval arqué, ou huché, ou rampin, l'effet
de la plus grande hauteur des talons & de
l'abréviation de la longueur de la pince, que
l'animal, bientôt estropié, seroit non-seulement
hors de service, mais absolument hors d'état
de se soutenir.

4.° Il en seroit de même dans le cas de
toute autre forte intervertion dans la direction
d'un membre, mais si une des parties articulées
n'est que foiblement dévoyée, ce dont on
peut juger par le nouvel angle que l'on aperçoit
entr'elle & le plan duquel elle ne devoit pas
naturellement sortir, si l'appui de l'os sur celui
auquel il répond n'est détourné ou dérangé que
dans une très-petite étendue de la surface, &
de manière que la distension des ligamens,
à l'extérieur de ce même angle, ne soit pas
forcée outre mesure, il sera très-possible d'opérer
insensiblement par la ferrure le rappel de cette
articulation sur le plan dans lequel elle auroit
dû être, en augmentant le défaut & en soumettant par conséquent l'animal à une sensation
plus laborieuse.

5.° Il est néanmoins nécessaire d'établir encore ici des distinctions. Il est incontestable que certains vices dans les membres des poulains peuvent être assez aisément réprimés par la voie d'une ferrure convenable & raisonnée, pourvu qu'on use de ménagement & qu'on marche avec patience & avec lenteur à la révolution desirée, car des opérations brusquées seroient pires que le mal & perdroient inévitablement la colonne entière : il n'est pas douteux aussi que plusieurs défauts acquis ne peuvent être que plus difficilement corrigés dans l'adulte, comme il en est plusieurs en lui dont on ne doit espérer que de prévenir les progrès ; mais il en est des difformités naturelles & habituelles dans ces mêmes chevaux, comme de ces mêmes difformités dans les hommes, elles tiennent en quelque sorte irrévocablement à leur être, & de même que par le fréquent usage les corps s'accoutument aux choses les plus nuisibles, le temps fortifie les imperfections, il les rend insensibles ou indifférentes à l'animal, & les met en même temps au-dessus des forces & du pouvoir de l'art.

6.° Enfin, dans toutes les complications qui présenteroient des indications directement contraires, l'artiste s'abstiendra de toutes tentatives, puisqu'il est évident que ce qu'il pratiqueroit dans le dessein de remédier à une torsion plus ou moins grave de l'une des articulations, ne pourroit qu'accroître le défaut opposé qui vicieroit l'autre, & préjudicier fortement aussi à la totalité du membre.

Toutes ces exceptions, toutes ces conditions une fois énoncées & connues, nous pouvons expliquer, par quelques exemples, notre méthode & nos idées.

Ferrure du cheval trop long de corps par le trop de longueur du thorax.

Voyez la seconde partie de la conformation extérieure du cheval (art. 58), page 138.

TENEZ les talons des pieds antérieurs extrêmement bas, soit par la parure, s'il est possible, soit par l'épaisseur exagérée du fer en pince, & par la diminution de l'épaisseur de ce même fer aux éponges.

Disproportions des parties du corps entr'elles.

Dans des chevaux ainsi conformés, la surcharge qu'éprouve le devant en fixe ou en attache plus long-temps les membres sur la terre, cependant la masse poussée par les colonnes postérieures, progresse toujours uniformément ; mais si le pied reste au-delà du terme sur le terrein, l'épaule suivant constamment la

M iij

progreſſion du corps , il eſt certain que le membre, au moment de la levée de ce même pied , forme avec la direction verticale de l'épaule un angle bien plus grand en arrière qu'il ne lui ſera poſſible de le former en avant lors de la foulée, de-là le défaut inévitable d'une élévation néceſſaire, non-ſeulement pour outre - paſſer & franchir les obſtacles que le pied peut rencontrer ſur le ſol entre le point d'où il ſe lève & celui qui répond à cette direction verticale, mais encore pour ne pas heurter fréquemment le ſol même dans le léger eſpace de ces deux points : or, l'extrême abaiſſement des talons ne pouvant qu'accélérer la levée de ce même pied , il doit en ré-ſulter, 1.° qu'au moment de l'exécution de cette action hâtée, la jambe ſera moins en-gagée ſous le corps; 2.° que le même degré de flexion & de raccourciſſement qui ne ſuffiſoit pas pour éviter les achoppemens lorſqu'elle partoit de très-loin, ſera plus que ſuffiſant dès qu'elle partira de plus près: 3.° qu'enfin, elle ſe portera infailliblement plus en avant, ſinon l'allure ſeroit intervertie & impoſſible.

Ferrure du cheval trop long de corps par l'extension des os des îles.

Voyez la seconde partie de la conformation extérieure du cheval (art. 58), page 139.

LE plus grand nombre des chevaux en qui ce défaut exiſte, voûtent l'épine en contre-haut, à l'effet de réſiſter avec plus d'avantge au fardeau qu'ils portent, mais ce degré de ſoulagement ou de force à oppoſer, qu'ils cherchent machinalement, les met, d'une autre part, aux riſques de forger, de s'atteindre, &c. &c. On peut conſidérer en effet, l'épine comme une ligne horizontale & droite, & les membres poſtérieurs comme deux lignes verticales qui lui ſeroient attachées. Soit courbée en contrehaut la ligne horizontale, les verticales perdront infailliblement leur direction, & s'avanceront de toute néceſſité vers celle du centre de gravité par leurs extrémités inférieures : or les pieds de derrière, quoique plus diſtans de ceux de devant qu'ils ne le ſeroient naturellement ſans l'excès de longueur que nous ſuppoſons ici, ſont tellement rapprochés par ce pli des lombes, qu'ils ne peuvent compléter leur action ſans anticiper ſur celle des pieds antérieurs.

Pour pallier ce défaut, ou plutôt pour parer

M iiij

à cette anticipation, il s'agit de retarder la levée des pieds poftérieurs, de manière qu'ils ne foient follicités à quitter le fol que lorfque le membre formera le plus grand angle poffible en arrière de fa direction verticale; laiffez dans cette intention une grande hauteur en talons, foit en n'en retranchant rien avec le boutoir, fi vous le pouvez, foit y en ajoutant par l'épaiffeur des éponges du fer & par fa moindre épaiffeur en pince, dès-lors les pieds antérieurs éviteront les heurts qu'ils éprouvent & qui les menaceront d'autant moins que ceux qui les atteignoient fe détacheront plus tard, & que partant de plus loin en arrière, ils embrafferont moins de terrein en avant. Que fi on ne réuffiffoit pas par cette voie, on pourroit opérer en même temps fur les pieds antérieurs de manière à en hâter la levée.

Ferrure du cheval dont le corps eft trop court.

Voyez la feconde partie de la conformation extérieure du cheval (art. 58), page 140.

TOUT cheval dont le corps eft trop court a une telle inflexibilité dans l'épine, qu'elle eft très-à charge au cavalier; il eft auffi affez fujet à forger.

La méthode à fuivre en pareil cas, eft celle qui peut obliger les membres poftérieurs à embraffer moins de terrein en avant, & les membres antérieurs à en embraffer davantage, fans néanmoins rien diminuer de la longueur du pas : ce qui s'opérera , relativement aux jambes de derrière, fi lors du milieu de la durée de l'appui fur le fol, la verticale abaiffée de la cavité cotyloïde fe trouve encore en avant de la pince, & relativement aux jambes de devant, fi lors de ce même inftant, la verticale abaiffée de la pointe du bras eft encore en arrière du pied.

Abattez - donc confidérablement les talons des pieds antérieurs, en reftituant néanmoins, par l'épaiffeur générale & uniforme du fer, ce que le membre perdra de longueur par la fouftraction de l'ongle, pour ne pas appeler la charge fur ce même membre. Laiffez une grande hauteur aux talons des pieds de der-rière, & lè moins que faire fe pourra en pince ; d'une part, vous folliciterez les colonnes anté-rieures à fe détacher plutôt du fol, & elles fe porteront plus en avant felon l'ordre fucceffif de la marche ; de l'autre, la levée des colonnes poftérieures s'effectuera plus tard , & par confé-quent les quatre membres laiffant entr'eux un intervalle plus confidérable, & fe pofant à une plus longue diftance de la ligne de direction du centre de gravité, leur obliquité donnera lieu à une plus grande ouverture de l'angle qui eft entre chacun d'eux & l'épine, & cette ouverture devenant plus facile, la colonne vertébrale en recevra de nouveaux degrés d'élafticité, & par conféquent de foupleffe.

Ferrure du cheval bas du devant.

TOUT cheval bas du devant eft naturellement porté à rétrécir l'action & le jeu des membres poftérieurs, à l'effet d'éviter la rencontre des membres antérieurs déjà furchargés, & que cette même action & ce même jeu opprimeroient encore davantage, leur point d'appui demeurant trop en arrière; il fera poffible de remédier à ce défaut par la ferrure, en raccourciffant la corde de l'arc que parcourt la colonne de derrière, & en alongeant celle de l'arc parcouru par la colonne antérieure.

Ajoutez-donc, autant que vous le pourrez, à la longueur des colonnes qui fupportent le devant, foit en ne retranchant rien de l'ongle, foit en employant en épaiffeur une grande partie de la matière à forger.

Vous ne retrancherez rien de l'ongle,

puifqu'il s'agit d'alonger le membre ; vous ferez en forte que la pince ne prolonge point le bras de levier, pour que l'animal puiffe éviter les achoppemens. A l'égard du fer, travaillez-le de manière que le poids n'en foit point augmenté ; ajoutez à fon épaiffeur tout ce que vous pourrez retrancher à fa largeur au long du contour intérieur, foit de la voûte, foit des branches, & obfervez de plus d'en retirer en pince, par une forte de bifeau renverfé, la rive inférieure en arrière.

En ce qui concerne les pieds poftérieurs, parez-les le plus près poffible & n'y appliquez que des fers très-minces.

Ferrure du cheval qui eft dit fous lui.

Voyez la feconde partie de la conformation extérieure du cheval (art. 59), page 145.

Nous difons qu'un cheval eft *fous lui*, lorfque dans la ftation la pince des pieds antérieurs eft fenfiblement en arrière de la verticale, qui feroit abaiffée de la pointe du bras fur le fol ; dans cet état, non-feulement la pince fe trouve plutôt chargée du fardeau que les talons, mais l'obliquité des colonnes les prive de la force dont elles auroient befoin pour le fupporter ; le cheval cheminant, pour

Fauffeté des à-plomb dans la totalité du membre.

peu que l'épaule progreffe, ainfi que nous l'avons dit, le degré de cette obliquité devient tel que l'animal fe voit dans une forte d'impuiffance de dégager la partie, de la garantir des atteintes des pieds poftérieurs, & de fournir à la flexion qui élèveroit le pied à une jufte hauteur, & qui l'empêcheroit de butter & de rafer le tapis.

Abattez fortement les talons des pieds antérieurs, & pratiquez, dans cette circonftance, la même ferrure que celle que nous avons prefcrite pour le cheval, trop long de corps par l'extenfion démefurée du thorax.

Ferrure du cheval dont le défaut eft diamètralement oppofé au précédent.

Voyez ibid.

D A N S celui-ci la direction des colonnes antérieures étant hors de la ligne verticale en avant, le poids dont ces membres font chargés femble fe réunir plus naturellement fur le talon que fur les autres parties du pied : la fituation en avant des portions inférieures de la colonne s'oppofe à l'étendue de la progreffion, par ce que cette même colonne formant, lors de fa levée avec fa direction verticale un très-petit angle en arrière, ne peut former lors de fa posée celui qu'exige la corde qu'elle parcouroit dans une allure ordinaire, sans s'exposer à une réaction qui renverroit plutôt la masse en arrière qu'elle ne lui permettroit d'aller en avant : or si vous rendez ici l'impression du fardeau encore plus sensible sur le talon, vous contraindrez l'animal à chercher machinalement, par le rappel de la colonne en arrière, une situation moins pénible, c'est-à-dire, le repos entier de la base sur le sol; & dès-lors, libre de décrire en arrière la moitié à peu-près juste de la corde que suppose l'allure régulière, il cessera de fouler, pour ainsi parler, en contre-butte.

Votre méthode sera donc l'inverse de la précédente : laissez aux talons toute leur hauteur, ajoutez-y même par l'épaisseur du fer aux éponges & par la diminution de son épaisseur en pince.

Ferrure du cheval arqué ainsi que du cheval brassicourt.

Voyez la première partie de la conformation extérieure du cheval (art. 32), page 68.

Ce défaut est absolument le même, & ne diffère dans le premier cheval qu'en ce qu'il est acquis, & dans le second, qu'en ce qu'il est

Fausseté des à-plomb dans certaines articulations.

naturel : dans le premier cas, il n'eſt poſſible que d'en prévenir les progrès, dans le ſecond, & ſi l'animal eſt encore poulain, on peut eſpérer d'y remédier.

Il faut pour procurer l'un & l'autre de ces effets, ſolliciter l'effacement du genou par l'extenſion du tendon, au moyen de la ſouſtraction d'une partie conſidérable de l'ongle en talon, de l'aminciſſement des éponges du fer & de ſon épaiſſeur en pince, mais l'artiſte ſe rappellera toûjours les exceptions que nous avons miſes ſous ſes yeux, & il fera attention que cette méthode miſe trop précipitamment en uſage nuiroit à l'animal, auſſi ne doit-il l'aſſeoir ainſi qu'inſenſiblement & par degrés, & en facilitant le jeu du tendon par des applications convenables.

Ferrure des chevaux dont les jarrets ſont trop coudés.

Voyez la ſeconde partie de la conformation extérieure du cheval (art. 59), page 146.

Les pieds poſtérieurs de ces ſortes de chevaux ſont naturellement & dans le repos trop en avant, & trop près par conſéquent de la ligne de direction du centre de gravité : leur percuſſion très-limitée, à raiſon des détentes, opère plutôt l'élévation de la maſſe que ſa progreſſion, qui ſe trouve très-raccourcie: ils quittent ſucceſſivement le ſol plutôt qu'ils ne l'auroient fait, ſi l'angle de la jambe avec le canon eut été naturellement ſuſceptible d'une plus grande ouverture: l'artiſte doit donc, pour y ſuppléer, mettre en uſage tous les moyens que nous lui avons propoſé, à l'effet de les obliger à ſe détacher plus tard du ſol; dès-lors la percuſſion devenant oblique, l'effet s'opérera dans une direction plus favorable à la progreſſion horizontale.

Ferrure des chevaux dont les jarrets ſont droits.

Voyez ibid.

Il eſt des chevaux conformés de manière qu'à peine aperçoit-on l'angle de la jambe & du canon: ici les détentes ſont comme nulles par rapport aux jarrets, & les percuſſions réduites à celles des reſſorts inférieurs, ſi foibles qu'il n'en réſulte aucun élancement; or, en ſollicitant par l'art le reſſerrement de l'angle du paturon & du canon, ce reſſerrement provoquera une ſenſation pénible que l'animal ſera automatiquement porté à modifier & à adoucir par le rejet de l'extrémité ſupérieure du canon en arrière, rejet qui ne peut avoir lieu que par la flexion du jarret, puisque la partie supérieure du membre est engagée, de manière à ne pouvoir changer de lieu.

Tenez-donc la pince fort longue, dès-lors le bras de levier accordé à la puissance devenant plus avantageux par l'accroissement de sa longueur, l'angle au boulet deviendra plus aigu.

Ferrure du cheval huché, droit sur ses membres.

Dans ces sortes de chevaux, l'angle formé entre le canon à sa face antérieure & inférieure, & le paturon à sa face antérieure & supérieure, est tel que la réaction se fait parallèlement à l'axe des parties inférieures de la colonne: cet axe, par le déplacement ou la position contre nature du boulet, approche fort d'une seule & même ligne droite, il s'agiroit donc d'opérer en lui une flexion à peu-près telle que celle qui existeroit sans ce défaut; on y parviendra par la méthode prescrite pour le cheval arqué, & en ménageant encore en pince une certaine longueur à l'ongle.

Ferrure du cheval rampin.

La pince, dans le cheval rampin, reçoit

&

& fupporte tout le fardeau en même temps
qu'elle feule opère toute la percuſſion qui doit
le porter en avant; cette ſituation forcée &
pénible exige des muſcles fléchiſſeurs les plus
grands efforts pour réſiſter à l'appui de la
portion poſtérieure du pied, & ſouvent de
la part des muſcles extenſeurs, la plus grande
partie de leurs forces, pour empêcher l'animal
de s'appuyer & de porter ſur les boulets, ſur-
tout lorſque le défaut eſt ſi conſidérable que
la ligne de la pince à la couronne eſt devenue
verticale.

Les mêmes vues que l'artiſte doit avoir
dans la ferrure du cheval précédent, le gui-
deront dans cette circonſtance, il emploiera
tous les moyens de rétablir les angles dans
l'ordre naturel; il donnera au fer plus de
longueur en pince, ce fer doit déborder en
cet endroit, & cette partie excédante être plus
ou moins relevée ſelon le beſoin, à l'effet de
rappeler peu-à-peu cette portion du membre
dans la ſituation où la maſſe pourra effectuer
ſon appui ſur l'aſſiette totale du pied: ce
défaut porté à l'excès laiſſe néanmoins rarement quelqu'eſpérance, mais la ferrure indiquée
en peut arrêter les progrès.

Au ſurplus, nous pouvons dire ici qu'en

N

ce qui concerne les chevaux *longs-jointés*, c'eſt-à-dire, ceux dont l'articulation du boulet ſouffre au contraire une trop grande flexion, il faut s'occuper d'empêcher l'angle au boulet de ſe reſſerrer autant, c'eſt-à-dire, abréger le lévier en portant le point de la puiſſance ou le centre de l'aſſiette plus près du point d'appui, & *vice versâ* à l'égard des chevaux *courts-jointés*.

Ferrure du cheval panard & du cheval cagneux.

On ne peut ſe flatter de corriger par le ſecours de l'art les vices dont il s'agit, quand ils procèdent des parties ſupérieures du membre, comme, par exemple, de l'emmanchement défectueux de l'omoplate & du bras, parce que tout ce qui ſeroit pratiqué dans ce deſſein ſur le pied, travailleroit cruellement les articulations inférieures, & produiroit ſur elles des effets plus funeſtes que la mauvaiſe conformation à laquelle on tenteroit de remédier. Il ſembleroit qu'on devroit craindre en conſéquence, ſi ces défauts réſidoient dans l'articulation du boulet, d'opérer, en cherchant à rectifier cette articulation fauſſée, des changemens nuiſibles dans celles qui ſont entr'elles & le ſabot ; mais celles-ci en ſont moins ſuſceptibles, à proportion qu'elles ont moins de jeu : celle de l'os du pied & de l'os de la couronne, eſt plus ſolide que celle qui la précède, & cette dernière plus ſolide que celle du boulet, ainſi elles ſouffriroient évidemment moins des voies employées. Cette théorie indiqueroit encore que lorſque nous voudrons parer à ces mêmes vices dans les articulations dont nous venons de parler, il pourroit être dangereux de fauſſer le boulet ; cependant il eſt conſtant que le remède appliqué au pied, ſe fait ſentir plus fortement à l'articulation la plus voiſine de ce même pied qu'à celle qui la ſuit, & à celle-ci plus fortement qu'à celle du boulet, & d'ailleurs la Nature eſt toujours diſpoſée à accueillir les moyens qu'on lui donne de ſe réparer, comme elle eſt conſtamment attentive à ſe garantir elle-même des effets pernicieux que pourroient en reſſentir les autres parties. Nous devons ajouter qu'on ne doit chercher à la réparer qu'inſenſiblement, peu à peu, & de manière à ne pas l'étonner & à ne pas occaſionner des déſordres plus grands que ceux que l'on ſe propoſe de réprimer.

Quoi qu'il en ſoit, en ſuppoſant deux animaux, l'un panard & l'autre cagneux, conſéquemment à la torſion des unes ou des autres articulations inférieures, nous voyons que le premier ne fauroit fouler le fol dans fa marche, que le quartier de dehors ne foit la première portion du pied qui atteigne le terrein. Le nombre des points portans s'accroît enfuite de plus en plus jufqu'au moment de la levée, moment auquel le quartier de dedans eft la feule partie de la circonférence du pied qui foit chargée. L'effet directement contraire a lieu dans le cheval cagneux, en ce qu'à l'inflant de la foulée, le quartier de dedans porte feul, & le quartier de dehors feul au moment de la levée; or la marche de l'un & de l'autre ne fauroit être fûre. Le panard eft obligé de fe bercer & de s'entretailler; de fe bercer, parce que le point d'appui du membre qui porte la maffe eft trop écarté du plan vertical, qui couperoit cette même maffe en deux parties égales fuivant fa longueur; de fe couper, parce que le rejet de la maffe de dedans en dehors, dans lequel confifle le bercement, & auquel l'animal fe trouve contraint, force le rapprochement du plan vertical vers le pied portant, & dès-lors le pied qui chemine, & dont le talon, vu le défaut exiftant, occupe la place du quartier de dedans, & faillit encore beaucoup plus que ce quartier ne l'auroit fait, atteint

néceſſairement l'extrémité qui l'avoiſine. Dans
le cheval cagneux, au contraire, l'appui de la
maſſe s'effectuant très-près du plan vertical,
& l'équilibre étant dès-lors très-difficile à con-
ſerver, il eſt comme impoſſible que l'animal
ne ſe coupe quelquefois du quartier, & le
plus ſouvent de la pince: il eſt donc dans l'une
& l'autre de ces circonſtances deux inſtans
où les quartiers de dehors & de dedans reçoivent ſucceſſivement le poids ; cette inégalité
d'appui doit occaſionner infailliblement dans
les articulations, une torſion plus ou moins
forte ſelon le degré du défaut. Dans le premier de ces chevaux, depuis l'inſtant de la
foulée juſqu'à ce que le membre atteigne la
ligne verticale, la torſion s'opère de dehors en
dedans, & depuis la ligne verticale juſqu'à
l'inſtant de la levée, elle devient de plus en
plus ſenſible de dedans en dehors, la durée
en étant beaucoup plus longue, parce que le
membre a beaucoup plus de degrés à parcourir
depuis qu'il a atteint cette ligne verticale juſqu'à
ce qu'il ſe détache de terre, que depuis qu'il
s'y poſe juſqu'à ce qu'il revienne à cette même
ligne. Or il n'eſt pas douteux que pendant ce
dernier intervalle, le quartier interne eſt plus
ſpécialement chargé de la maſſe, & que la

senfation de la torfion fera d'autant plus vive; ou d'autant plus laborieufe que l'obliquité du membre fera plus grande, & les autres parties de l'affiette plus détachées du fol; fi donc nous prenions le parti de donner à la branche interne du fer ou à quelques parties de l'étendue de cette même branche, felon le befoin, une épaiffeur plus ou moins confidérable, & bien plus forte que celle que nous laifferons à la branche externe, l'importunité de cette torfion accroiffant, nous folliciterons l'animal à chercher les moyens de s'en rédimer, & il ne le pourra qu'en ramenant le membre dans la pofition où il devoit être.

Le cheval cagneux étant dans le cas diamétralement contraire; c'eft dans la branche externe, ou dans certains points de cette branche, que l'artifte ménagera plus ou moins d'épaiffeur : nous ne déguiferons cependant pas que nous avons vu des chevaux panards devenir moins défectueux par cette dernière voie, & des chevaux cagneux rappelés par la première dans une jufte fituation, mais il faut convenir qu'une pareille matière eft en quelque forte inextricable, vu la complication des mobiles & des refforts cachés qui les dirigent, & attendu une multitude d'élémens qui nous feront éternellement inconnus: peut-être que le fuccès n'a été dû qu'au fens & au degré des torfions dans certaines portions invifibles de la partie; peut-être encore que le défaut n'a été pallié que par l'effet immédiat de l'élafticité de celles qui ont fouffertes, élafticité femblable à celle de tout reffort, qui ne fe borne pas feulement à fe rétablir dans l'état où il étoit avant d'être tendu violemment, mais qui le porte, en fens oppofé, prefqu'auffi avant qu'il a été porté quand on l'a bandé.

Ferrure des chevaux dont les articulations inférieures fe déverfent en dedans ou en dehors, & dans d'autres fens quelconques, fans nuire évidemment à la pofition du pied.

IL feroit affez difficile, non-feulement de fpécifier toutes les manières dont les unes & les autres de ces articulations peuvent s'écarter du plan dans lequel doivent fe faire les flexions du membre, mais encore de prefcrire ici pofitivement les moyens de les y rappeler.

Pour fimplifier une matière qui nous engageroit dans des détails infinis, nous dirons.

qu'on peut confidérer dans l'ovale que préfente le deffous du pied ; 1.° le grand axe,
partant du milieu de l'intervalle qui fépare
les talons, aboutiffant à la pince & divifant
l'ovale en deux parties égales & femblables;
2.° le petit axe coupant le premier à angles
droits & par fon milieu ; 3.° la diagonale
du talon externe, partant de ce talon, paffant par la commune fection des deux axes
& fe rendant à la mamelle interne; 4.° la
diagonale du talon interne partant de ce talon
& aboutiffant à la mamelle externe; fi donc
l'Artifte envifage cet ovale, ce plan inflexible
en lui-même, comme porté par l'un de ces
quatre axes, par le grand, par exemple, que
nous fuppofons de niveau, il lui eft aifé de
fe repréfenter ce plan balançant fur cet axe
& enfuite fixé à un certain degré d'obliquité,
le côté interne étant ou plus haut ou plus bas
que l'externe, comme de le confidérer balançant fur le petit axe & fixé encore à tel degré
d'obliquité, la pince étant plus élevée que le
talon, ou le talon que la pince; il le verra
avec la même facilité balançant fur la diagonale
du talon externe, le côté de dedans étant
plus bas que celui de dehors, c'eft-à-dire,
l'éponge interne étant le point le plus exhauffé

du côté oppofé, & ainfi du quatrième axe ou
de la feconde diagonale; or en raifonnant fon
opération, & en s'attachant, felon le défaut &
felon les vues que nous lui avons fuggérées, à
donner tels ou tels biais à la coupe, il eft inconteftable qu'il pourra rétablir infenfiblement l'articulation dévoyée & la renvoyer fur la ligne.

Ferrure du cheval qui trouffe, qui relève beaucoup.

Tout cheval dont l'allure s'exécute ainfi, Allures
défectueufe
perd néceffairement, par la hauteur exceffive
des mouvemens & de l'action de fes membres
antérieurs, un temps qu'autrement il auroit
employé à parcourir fur un plan horizontal
un plus grand efpace de terrein; cette action
élevée ne peut s'effectuer fans que les pieds
poftérieurs ne demeurent plus long temps attachés fur le fol, car moins la maffe progreffe,
plus longue eft la durée de leur appui; or
en forçant ces mêmes extrémités poftérieures
à une levée plus prompte, la tombée & la
foulée des antérieures feront inconteftablement
accélérées; du refte, l'artifte doit comprendre
d'ailleurs que des fers lourds doivent fatiguer
& ruiner bientôt les jambes d'un animal qui
les porte à un extrême degré d'élévation.

Ferrure du cheval qui billarde.

Le rejet de l'extrémité inférieure des colonnes antérieures en dehors lors de leur action, dans les chevaux qui marchent ainfi, opère une perte de temps non moins confidérable, que leur élévation exceffive dans le cheval qui trouffe; l'artifte pourra tenter la voie que nous avons indiquée, eu égard à celui-ci : fi elle ne réuffit pas, il prendra pour axe du plan la diagonale du talon externe, en ménageant un prolongement au droit de la mamelle de ce même côté, & en tenant de l'autre part plus bas le côté interne au droit de l'éponge, fouvent il en réfulte que l'extrémité, qui a fouffert pendant la durée de l'appui une diftenfion dans fa' face intérieure eft, auffitôt qu'elle eft délivrée du poids de la maffe, rappelée de ce même côté conféquemment à l'élafticité naturelle des mufcles, & qu'elle fe porte dès l'inftant de la levée affez en dedans pour effacer fa tendance défectueufe en dehors : au furplus l'étude & la connoiffance de la véritable caufe de cette même tendance peuvent conduire plus fûrement aux moyens de l'intercepter.

Ferrure du cheval qui se berce des épaules.

LORSQUE ce défaut ne procède pas d'une grande foiblesse, & qu'il n'est dû qu'à l'action trop écartée des membres, on peut en triompher en les forçant d'effectuer leurs mouvemens dans un plan vertical moins distant de celui qui divise l'animal en deux moitiés, prolongez à cet effet le quartier de dedans, en suppofant le plan dans son grand axe.

L'animal qui, par la même caufe, se berceroit des hanches feroit dans un cas exactement relatif à celui-ci.

Ferrure du cheval dont l'appui du pied, lors de la foulée, n'a pas lieu par toute sa face inférieure en même temps.

POURVU qu'il s'agiffe d'un animal jeune, c'est encore ici un des cas de l'exagération du défaut, en prenant pour axe du plan, fuivant la circonftance, c'est-à-dire, felon la portion du pied qui la première atteint le terrein, l'un de ceux que nous avons fuppofés; on fera marcher l'animal ainfi ferré fur un fol dur & uni jufqu'à ce qu'on aperçoive quelque

changement: on le ferrera enſuite à l'ordinaire
pour juger de l'effet de la tentative; on y
reviendra ſi elle n'a pas ſuffiſamment opéré,
& on diſcontinuera au contraire ſi le ſuccès
en a été heureux.

Ferrure du cheval dont les épaules ſont nouées, priſes & preſque dénuées d'action.

Il eſt certain que l'élévation & l'action
en tous ſens des jambes antérieures du cheval
ne ſont que l'effet des mouvemens de l'épaule
& du bras; les portions qui forment le reſte
de ces extrémités doivent donc néceſſairement
ſe reſſentir du défaut de liberté de ces parties,
& il n'eſt aucun moyen de corriger l'animal
qui, conſéquemment à ce même défaut & à
la manière du plus grand nombre des chevaux
anglois, raſe continuellement le tapis, ſi ce
n'eſt celui de ſolliciter plus de jeu dans le
principe du membre; pour y parvenir, il ne
faut qu'accroître le danger de la chûte en
oppoſant encore un plus grand obſtacle à la
progreſſion: l'artiſte mettra donc à cet effet
en uſage le troiſième *fer à patin*, dont nous
avons parlé *(art. X)*: la lame tirée de la
pince, & prolongée de cinq ou ſix pouces

en avant de l'affiette du fer, rendant l'allure encore plus difficile, & telle que l'animal ne peut éviter de tomber, qu'autant qu'il fuira le heurt qu'elle provoqueroit contre le fol; une crainte naturelle du péril l'avertira, le tiendra en garde & le forcera malgré lui à une plus grande élévation du membre; & cette élévation dépendant abfolument de l'épaule; cette partie s'habituera à plus de jeu & deviendra infenfiblement toujours plus capable de mouvement: on diminuera peu à peu & à mefure des bons effets de cette ferrure qui fera d'abord pratiquée fur un des pieds feuls, la longueur de la lame qui déborde; & enfin ce même pied ferré comme à l'ordinaire, on mettra le même fer à patin à l'autre s'il en eft befoin: il feroit fuperflu fans doute d'ajouter que les promenades en main au pas, & enfuite le trot à la longe, font un exercice qui doit feconder les effets du fer indiqué.

Les autres *fers à patin* font employés dans d'autres circonftances; le premier eft quelquefois utile dans le cás de la rétraction des tendons; il peut fervir plus ordinairement, ainfi que le troifième, dans celui où l'animal ayant fouffert confidérablement de l'une de fes extrémités antérieures, redoute de s'appuyer fur elle &

la tient dans une inaction conftante; cette inaction ne peut que nuire évidemment à la partie
qui en demeure engourdie, & dont elle occa-
fionne le plus fouvent l'émaciation : on place
donc l'un de ces fers fous le pied de l'extrémité faine, & l'importunité de la pofition
de l'animal l'oblige, pour s'en rédimer, de
rejeter fur le pied de l'extrémité malade une
partie du poids dont il cherchoit à la délivrer.

F I N.

TABLE ALPHABÉTIQUE
DES MATIÈRES.

A

B

C

F

O iiij

P

V

www.ingramcontent.com/pod-product-compliance
Lightning Source LLC
Chambersburg PA
CBHW030314220326
41519CB00068B/2449